essentials liefern aktuelles Wissen in konzentrierter Form. Die Essenz dessen, worauf es als „State-of-the-Art" in der gegenwärtigen Fachdiskussion oder in der Praxis ankommt. *essentials* informieren schnell, unkompliziert und verständlich

- als Einführung in ein aktuelles Thema aus Ihrem Fachgebiet
- als Einstieg in ein für Sie noch unbekanntes Themenfeld
- als Einblick, um zum Thema mitreden zu können

Die Bücher in elektronischer und gedruckter Form bringen das Expertenwissen von Springer-Fachautoren kompakt zur Darstellung. Sie sind besonders für die Nutzung als eBook auf Tablet-PCs, eBook-Readern und Smartphones geeignet. *essentials:* Wissensbausteine aus den Wirtschafts-, Sozial- und Geisteswissenschaften, aus Technik und Naturwissenschaften sowie aus Medizin, Psychologie und Gesundheitsberufen. Von renommierten Autoren aller Springer-Verlagsmarken.

Weitere Bände in der Reihe http://www.springer.com/series/13088

Christoph Conrad

Öffentliches Baurecht und die Genehmigungsvoraussetzungen

Schnelleinstieg für Architekten und Bauingenieure

Christoph Conrad
Leinemann und Partner
Berlin, Deutschland

ISSN 2197-6708 ISSN 2197-6716 (electronic)
essentials
ISBN 978-3-658-30588-8 ISBN 978-3-658-30589-5 (eBook)
https://doi.org/10.1007/978-3-658-30589-5

Die Deutsche Nationalbibliothek verzeichnet diese Publikation in der Deutschen Nationalbibliografie; detaillierte bibliografische Daten sind im Internet über http://dnb.d-nb.de abrufbar.

Planung/Lektorat: Karina Danulat
Springer Vieweg ist ein Imprint der eingetragenen Gesellschaft Springer Fachmedien Wiesbaden GmbH und ist ein Teil von Springer Nature.
Die Anschrift der Gesellschaft ist: Abraham-Lincoln-Str. 46, 65189 Wiesbaden, Germany

Was Sie in diesem *essential* finden können

- Überblick über die Rechtsgrundlagen des öffentlichen Baurechts
- Die Genehmigungsfähigkeit von Bauvorhaben nach dem Bauplanungsrecht
- Die Genehmigungsverfahren nach den Landesbauordnungen
- Einige wichtige Begriffe aus dem Bauordnungsrecht

Vorwort

Der Begriff „Baurecht“ umfasst eine Vielzahl unterschiedlicher Rechtsgebiete. Gemeinhin wird er für das zivile Baurecht benutzt, welches durch die vertraglichen Beziehungen zwischen Bauherrn, Architekten, Bauausführenden und sonstigen an der unmittelbaren Bauausführung Beteiligten gekennzeichnet ist. Sie sind vor allem kodifiziert im Bauvertragsrecht des BGB (§§ 650 ff.), der Honorarordnung für Architekten und Ingenieure (HOAI) und in der als Allgemeine Geschäftsbedingungen zu klassifizierenden Vergabe- und Vertragsordnung, Teil B (VOB/B).

Der eigentlichen Bauausführung voraus geht im weitesten Sinne das öffentliche Baurecht. Dieses befasst sich mit der Frage der Genehmigungsnotwendigkeit und -fähigkeit eines Bauwerks, mit den von ihm zu erfüllenden technischen Standards in Bezug auf die zu verwendenden Materialien, der Frage der Ausführung in Bezug auf Standsicherheit und Feuerbeständigkeit und den sonstigen Anforderungen wie bspw. der Energieeffizienz oder des Abstands zwischen Bauwerken. Es kann grob eingeteilt werden in das Raumordnungsrecht, das Landesplanungsrecht, das Bauplanungsrecht, das Bauordnungsrecht und das sonstige öffentliche Baurecht, bspw. die Musterrichtlinien der Gefahrenabwehr im Brandschutz.

Das Bauplanungsrecht befasst sich mit der Bodenordnung. Es regelt, wo und wie überhaupt gebaut werden darf. Sein Ziel ist es, bodenrechtliche Spannungen zu vermeiden und dadurch zu einer geordneten städtebaulichen Entwicklung beizutragen. Es ist Bundesrecht und vor allem im Baugesetzbauch (BauGB) und der Baunutzungsverordnung (BauNVO) geregelt. Es verleiht den Gemeinden eine grundgesetzlich gesicherte Planungshoheit. Diese können – in Abstimmung mit den Nachbargemeinden – ihr Kommunalgebiet beplanen. Dies geschieht durch die Aufstellung von Flächennutzungsplänen und verbindlichen Bebauungsplänen.

Letztere enthalten nach außen wirkende Ge- und Verbote hinsichtlich der Möglichkeit, überhaupt zu bauen. Hier geht es um Art und Maß des Bauens.

Das Bauordnungsrecht ist hingegen Länderrecht. Es ist klassisches Polizeirecht und dient in erster Linie der Gefahrenabwehr. Man spricht insoweit auch vom Baupolizeirecht. Es regelt vor allem das „Wie" des Bauens, also welche Bedingungen ein nach dem Bauplanungsrecht überhaupt zulässiges Bauwerk erfüllen muss. Alle 16 Bundesländer haben hierzu eigene Landesbauordnungen aufgestellt, die sich jedoch in ihrer Grundstruktur weitgehend an die sogenannte Musterbauordnung (MBO) in der aktuellen Fassung von 2019 anlehnen. Diese MBO ist das Ergebnis der 126. Bundesministerkonferenz vom 22.02.2019. Die Bundesministerkonferenz ist eine Arbeitsgemeinschaft der Landesminister für Städtebau, Bau- und Wohnungswesen aller Bundesländer. Die MBO hat keine unmittelbare Rechtswirkung nach außen.

Dieses Buch will den vor allem mit dem öffentlichen Baurecht konfrontierten Architekten und Ingenieuren einen ersten Überblick über die komplexe Materie des Bauplanungs- und Bauordnungsrechts mit Erläuterung wesentlicher Begriffe und anhand von Beispielen vermitteln. Darüber hinaus soll der Einstieg in die komplexen Genehmigungsverfahren nach den Landesbauordnungen erleichtert werden.

Christoph Conrad

Inhaltsverzeichnis

Über den Autor

Christoph Conrad ist Rechtsanwalt in Berlin. Er ist zugleich Fachanwalt für Bau- und Architektenrecht und Fachanwalt für Verwaltungsrecht. Seine berufliche Laufbahn begann er 1992 bei der Planungsgesellschaft Bahnbau Deutsche Einheit mbH (PBDE), wo er für die Verkehrsprojekte Deutsche Einheit (VDE 3 und 8.2) vornehmlich im Bereich der Planfeststellung tätig war. 1995 machte er sich mit mehreren Kollegen selbstständig und gründete eine überörtliche, auf das öffentliche und private Baurecht sowie das Vergaberecht spezialisierte Kanzlei mit fünf Standorten. Von 2003 bis 2007 war er Partner der überörtlichen Kanzlei Heuking Kühn Lüer Wojtek bevor er sich im Sommer 2007 der auf das Bau- und Vergaberecht spezialisierten Kanzlei Leinemann Partner am Berliner Standort anschloss. Seine Tätigkeitsschwerpunkte bilden das private und das öffentliche Bau- und Umweltrecht sowie das Vergaberecht. Er berät und vertritt neben privaten Auftraggebern und Auftragnehmern auch öffentlich-rechtliche Körperschaften und Behörden.

1 Einführung

Ende der 1990er Jahre haben die Bundesländer ihre Bauordnungen signifikant geändert. Ziel war eine Deregulierung der Genehmigungsverfahren. Nicht jedes noch so unbedeutende Bauvorhaben sollte der vollen bauaufsichtlichen Kontrolle unterworfen werden. Im Kern unterscheiden sich die Verfahren nunmehr danach, ob überhaupt keine bauaufsichtliche Kontrolle stattfindet, ob nur eine repressive Kontrolle stattfindet oder ob das Bauvorhaben einer vollständigen präventiven Kontrolle unterliegt.

Repressive Kontrolle bedeutet, dass das Vorhaben nur ein eingeschränktes Prüfungsprogramm durchläuft. Die Bauaufsichtsbehörde (im Folgenden BABeh) prüft die nach der Landesbauordnung einzureichenden Unterlagen. Der Bauausführende kann im Regelfall nach Zeitablauf mit dem Vorhaben beginnen. Er muss sich jedoch an das sonstige, nicht der Kontrolle unterworfene materielle öffentliche Baurecht halten. Tut er dies nicht, kann die Behörde einschreiten und eine Nutzungsuntersagung oder sogar eine Rückbau- oder Abrissverfügung aussprechen.

Präventive Kontrolle bedeutet hingegen die Einreichung aller für die Genehmigung erforderlicher Unterlagen. Die Behörde prüft diese und gibt dann das Prüfergebnis in Form eines Verwaltungsaktes (Baugenehmigung oder Versagung) bekannt. Der Bauausführende darf erst nach Erhalt der Baugenehmigung mit dem Vorhaben beginnen.

Dies war das Ergebnis der Entbürokratisierung des Bauordnungsrechts mit dem Ziel, nicht mehr jedes Bauwerk einem umfangreichen Genehmigungsverfahren zu unterwerfen. Das Ergebnis dieser Bemühungen ist die Einteilung von Bauvorhaben in:

- Genehmigungsfreie Vorhaben,
- Genehmigungsfreigestellte Vorhaben,

C. Conrad, *Öffentliches Baurecht und die Genehmigungsvoraussetzungen*,
essentials, https://doi.org/10.1007/978-3-658-30589-5_1

- Vorhaben die einem vereinfachten Genehmigungsverfahren unterliegen und
- Vorhaben, die weiterhin einer umfänglichen Genehmigung bedürfen.

Bedauerlicherweise benutzen die einzelnen Bundesländer zum Teil unterschiedliche Begriffe für die vorgenannten Verfahren, was zu einer unübersichtlichen und unnötigen Begriffsvielfalt führt. Dieses Buch benutzt daher in der Regel die in der MBO enthaltenen Begriffe.

1.1 Begrifflichkeiten

MBO

- Verfahrensfreie Bauvorhaben, Beseitigung von Anlagen, § 61
- Genehmigungsfreistellung, § 62
- Vereinfachtes Baugenehmigungsverfahren, § 63
- Baugenehmigungsverfahren, § 64
- Begrifflichkeiten in den einzelnen Landesbauordnungen:

Land	**Genehmigungsfreistellung**
Ba.-Wü.	Kenntnisgabeverfahren (§ 51)
Bayern	Genehmigungsfreistellung (Art. 58)
Berlin	Genehmigungsfreistellung (§ 62)
Brandenburg	Bauanzeigeverfahren (§ 62)
Bremen	Genehmigungsfreistellung (§ 62)
Hamburg	kein Genehmigungsfreistellungsverfahren
Hessen	Genehmigungsfreistellung (§ 64)
M.-V.	Genehmigungsfreistellung (§ 62)
Nds.	sonstige gen.-freie Baumaßnahmen (§ 62)
NRW	Genehmigungsfreistellung (§ 63)
Rh.-Pf.	Freistellungsverfahren (§ 67)
Saarland	Genehmigungsfreistellung (§ 63)
Sachsen	Genehmigungsfreistellung (§ 62)
LSA	Genehmigungsfreistellung (§ 61)
Schl.-Holst.	Genehmigungsfreistellung (§ 68)
Thüringen	Genehmigungsfreistellung (§ 61)

1.2 Umfang des öffentlichen Baurechts

Das öffentliche Baurecht umfasst die folgenden Teilrechtsgebiete:

- Raumordnungsrecht (ROG Bund bei länderübergreifenden Planungen)
- Fachplanungsrecht (Spezialgesetze AEG, FernStrG, PBefG, LuftVG etc.)
- Landesplanungsrecht (Landesplanungsgesetze)
- Bauplanungsrecht (BauGB – Allgemeines und Besonderes Städtebaurecht, BauNVO)
- Bauordnungsrecht – Baupolizeirecht (LBO auf Basis MBO und vorkonstitutionelles Recht)

Das öffentliche Baurecht folgt – vom Fachplanungsrecht abgesehen – einem Kaskadenprinzip. Auf der obersten Stufe steht die Abstimmung raumbedeutsamer Vorhaben unter anderem mit der Landesplanung. Auf der Stufe der Landesplanung erfolgt die Gliederung des Gebiets der einzelnen Bundesländer. Die Bundesländer legen dabei in sogenannten Landesentwicklungsplänen die Aufgaben der einzelnen Teilregionen und Gemeinden fest. So entscheidet der Landesentwicklungsplan bspw. über die Zentrenqualität einzelner Städte und welche kommunalen Planungsaufgaben damit verbunden sind.

Unterhalb der Vorgaben des Landesentwicklungsplans besteht die Planungshoheit der Gemeinden, die sich im Bauplanungsrecht widerspiegelt. Auf der Ebene der tatsächlichen Bauausführung kommt dann auch das Bauordnungsrecht zum Tragen.

2 Bauplanungsrecht

Die Materie des Bauplanungsrechts befasst sich mit der Bodenordnung. Dabei geht es darum, bodenrechtliche Spannungen zu vermeiden und eine geordnete städtebauliche Entwicklung zu gewährleisten. Das Bauplanungsrecht will einem baulichen Wildwuchs entgegenwirken und damit gesunde Wohn- und Arbeitsverhältnisse sicherstellen. Das Bauplanungsrecht ist Bundesrecht; die gesetzgeberische Kompetenz des Bundes folgt aus Art. 70 Abs. 2, 72 Abs. 1, 74 Abs. 1 Nr. 30 Grundgesetz.

Das Bauplanungsrecht ist dabei umfassend im Baugesetzbuch (BauGB) in der Fassung vom 03.11.2017 (BGBl. I, S. 3634) geregelt. Es verleiht den Städten und Gemeinden das Recht, ihr Gebiet autonom zu beplanen (§ 1 Abs. 3 BauGB). Danach haben die Gemeinden Bauleitpläne aufzustellen, sobald und soweit es für die städtebauliche Entwicklung erforderlich ist.

Der Begriff „Bauleitpläne" kennzeichnet dabei die Beplanung des Gemeindegebiets mit Flächennutzungsplänen (FNP = unverbindliche Bauleitplanung) und Bebauungsplänen (B-Plan = verbindliche Bauleitplanung). Mithilfe des FNP beplant die Gemeinde ihr gesamtes Gebiet. Diese Planung ist gegenüber dem Bürger unverbindlich, d. h. sie erzeugt keine Außenrechtswirkung, der einzelne Bürger kann folglich keine Rechtsansprüche oder Abwehrrechte aus den Festsetzungen des FNP geltend machen. Ein Normenkontrollverfahren gegen den FNP scheidet – von Ausnahmen abgesehen – aus. Die Gemeinde selbst wird hingegen durch den FNP dahin gehend gebunden, dass sie dem sich aus dem FNP folgenden Entwicklungsgebot (§ 8 Abs. 2 Satz 1 BauGB) Folge leisten soll. Sie hat das Gemeindegebiet entsprechend den Darstellungen im FNP zu entwickeln, was nicht bedeutet, dass sie einen aufgestellten FNP später nicht noch einmal ändern könnte. Diese spätere Änderung kann sie auch gleichzeitig mit der Aufstellung eines B-Plans verbinden (sogenanntes Parallelverfahren).

C. Conrad, *Öffentliches Baurecht und die Genehmigungsvoraussetzungen*, essentials, https://doi.org/10.1007/978-3-658-30589-5_2

2.1 Baugebietstypen nach der BauNVO

Die Verordnung über die bauliche Nutzung von Grundstücken (Baunutzungsverordnung – BauNVO) in der Fassung vom 21.11.2017 (BGBl. I, S. 3786) legt in ihren §§ 2–11 fest, welche Baugebietstypen die Gemeinden in ihrer verbindlichen Bauleitplanung ausweisen dürfen.

Andere als diese Gebiete kommen dabei nicht in Betracht. Der Gemeinde ist es folglich untersagt, eigene Gebietstypen zu erfinden (§ 1 Abs. 3 Satz 1 BauNVO). Damit nicht verbunden ist jedoch eine sklavische Befolgung der BauNVO. Die BauNVO schmälert nicht die Planungshoheit der Gemeinde, sie kanalisiert sie nur (BVerwG, Urteil vom 23.04.1969, IV C 12.67).

Die Gebietstypen der §§ 2–9 BauNVO sind einheitlich gegliedert. In Abs. 1 ist das jeweilige Gebiet definiert. Der Verordnungsgeber zeigt auf, welche Funktion das jeweilige Gebiet erfüllen muss.

Abs. 2 enthält diejenigen Vorhaben, die dort regelmäßig errichtet werden dürfen und den Gebietstyp kennzeichnen. Abs. 3 enthält schließlich die Vorhaben, die dort ausnahmsweise errichtet werden dürfen.

Beispiel

§ 4 Allgemeine Wohngebiete

1. Allgemeine Wohngebiete dienen vorwiegend dem Wohnen.
2. Zulässig sind
   1. Wohngebäude,
   2. die der Versorgung des Gebiets dienenden Läden, Schank- und Speisewirtschaften sowie nicht störenden Handwerksbetriebe,
   3. Anlagen für kirchliche, kulturelle, soziale, gesundheitliche und sportliche Zwecke.
3. Ausnahmsweise können zugelassen werden
   1. Betriebe des Beherbergungsgewerbes,
   2. Sonstige nicht störende Gewerbebetriebe,
   3. Anlagen für Verwaltungen,
   4. Gartenbaubetriebe,
   5. Tankstellen. ◄

2.2 Begriff der baulichen Anlage

§ 29 Abs. 1 BauGB enthält keine Definition der „baulichen Anlage“. Er setzt diese als Gegenstand des zu genehmigenden Vorhabens voraus. Die Landesbauordnungen definieren dagegen den Begriff der baulichen Anlage. Die MBO enthält dazu in § 2 Abs. 1 folgende Aussage:

1. Bauliche Anlagen sind mit dem Erdboden verbundene, aus Bauprodukten hergestellte Anlagen; eine Verbindung mit dem Boden besteht auch dann, wenn die Anlage durch eigene Schwere auf dem Boden ruht oder auf ortsfesten Bahnen begrenzt beweglich ist oder wenn die Anlage nach ihrem Verwendungszweck dazu bestimmt ist, überwiegend ortsfest benutzt zu werden. Bauliche Anlagen sind auch
   - Aufschüttungen und Abgrabungen,
   - Lagerplätze, Abstellplätze und Ausstellungsplätze,
   - Sport- und Spielflächen,
   - Campingplätze, Wochenendplätze und Zeltplätze,
   - Freizeit- und Vergnügungsparks,
   - Stellplätze für Kraftfahrzeuge,
   - Gerüste,
   - Hilfseinrichtungen zur statischen Sicherung von Bauzuständen.

2.3 Zulässigkeit von Vorhaben

Die bauplanungsrechtliche Zulässigkeit von Vorhaben richtet sich nach den §§ 29 ff. BauGB. Hierzu sind zunächst drei wesentliche Bereiche zu unterscheiden. Das Vorhaben kann

- in einem Gebiet liegen, für welches ein B-Plan existiert (§ 30 BauGB),
- in einem Gebiet liegen, für welches zwar kein B-Plan existiert, das aber „innerstädtisch“ geprägt ist (§ 34 BauGB) oder
- im Außenbereich liegen (§ 35 BauGB).

2.3.1 Vorhaben im Bereich eines B-Plans

Bei den Bebauungsplänen unterscheidet man einfache von qualifizierten Bebauungsplänen. § 30 Abs. 1 BauGB definiert den qualifizierten B-Plan und grenzt ihn damit gegen den einfachen B-Plan ab. Ein qualifizierter B-Plan enthält folglich mindestens Aussagen zu

- Art und Maß der Nutzung,
- überbaubare Grundstücksflächen und zu den
- örtlichen Verkehrsflächen.

B-Pläne, die nicht wenigstens Aussagen zu den genannten drei Teilbereichen treffen, sind folglich einfache B-Pläne (§ 30 Abs. 3 BauGB).

Bebauungspläne werden entweder als sogenannte Angebotspläne oder als vorhabenbezogene Pläne aufgestellt und beschlossen. Der Unterschied besteht darin, dass bei einem Angebotsplan die Gemeinde ihr Gebiet beplant, um künftige – bislang unbekannte – Bebauungen zuzulassen bzw. auszuschließen. Der vorhabenbezogene B-Plan wird hingegen aufgestellt und beschlossen, um ein bekanntes und konkretes Bauvorhaben umsetzen zu können.

Die bauplanungsrechtliche Zulässigkeit eines Vorhabens kann bei Vorhandensein eines qualifizierten B-Plans sehr sicher abgeschätzt werden. Der Bauausführende hat – soweit er die Vorgaben des qualifizierten B-Plans einhält – einen bindenden Anspruch auf Erteilung einer Baugenehmigung, soweit diese erforderlich ist. Im Rahmen eines genehmigungsfreigestellten Bauvorhabens kann er die materiell-rechtliche Legalität sicher abschätzen (siehe Kap. 3).

Art der Nutzung

Die Art der möglichen Nutzungen bestimmen die §§ 1–15 der BauNVO. So gibt § 1 Abs. 2 BauNVO der Gemeinde verschiedene Nutzungsarten vor.

Die Art der Nutzung bezieht sich zum einen auf eine bestimmte Fläche (horizontale Gliederung). Darüber hinaus ist es nach § 1 Abs. 7 BauNVO möglich, Festsetzungen auch bezüglich einzelner Geschosse, Ebenen und sonstiger Teile baulicher Anlagen zu treffen, wenn besondere städtebauliche Gründe dies erfordern (vertikale Gliederung). So ist es denkbar, dass der B-Plan in den Erdgeschossen Gewerbe vorschreibt und in den Obergeschossen Wohnungen.

Die §§ 2 bis 9 BauNVO legen bestimmte Gebietstypen fest und definieren jeweils in ihren Absätzen 1, welche Aufgabe die einzelnen Gebietstypen zu erfüllen haben. In den Absätzen 2 wird die zulässige Regelbebauung festgelegt und in den Absätzen 3 diejenigen Nutzungen, die ausnahmsweise zugelassen werden können.

Nach § 1 Abs. 5 und 6 BauNVO können die Gemeinden von dem starren Schema der Regel-/Ausnahmebebauung abweichen.

Maß der Nutzung

Die §§ 16–21a BauNVO treffen Aussagen zum Maß der baulichen Nutzung. Das Maß wird bestimmt durch die Grundflächenzahl (GRZ), die Geschossflächenzahl (GFZ), die Baumassenzahl (BMZ), die Höhe der baulichen Anlagen und die Zahl der Vollgeschosse.

Die GRZ gibt den prozentualen Anteil der überbaubaren Grundstücksfläche an (§ 19 Abs. 1 BauNVO). Die GFZ gibt den Anteil der Bruttogeschossfläche im Verhältnis zur Größe des Baugrundstücks (§ 20 Abs. 2 BauNVO) und die BMZ den Anteil der Baumasse in Kubikmetern je Quadratmeter des Grundstücks (§ 21 Abs. 1 BauNVO) an.

Die Definition, was als Vollgeschoss im Sinne der BauNVO gilt, wird durch den Vollgeschossbegriff der jeweiligen Landesbauordnung ausgefüllt (vgl. § 20 Abs. 1 BauNVO i. V. m. § 2 Abs. 12 BauO Bln).

Überbaubare Grundstücksflächen

Die §§ 22 und 23 BauNVO bestimmen, welche Bauweise gewählt werden kann und welche Grundstücksflächen überbaut werden dürfen. Bei der Bauweise unterscheidet man zwischen der offenen Bauweise (mit Grenzabstand) und der geschlossenen Bauweise (§ 22 BauNVO). Die überbaubaren Grundstücksflächen werden durch Baulinien, Baugrenzen oder Bebauungstiefen festgesetzt (§ 23 Abs. 1 BauNVO).

Örtliche Verkehrsflächen

Aussagen zu den örtlichen Verkehrsflächen bzw. wie diese zu bestimmen und festzusetzen sind, enthält die BauNVO nicht.

2.3.2 Vorhaben im unbeplanten Innenbereich

Die Zulässigkeit von Vorhaben im unbeplanten Innenbereich richtet sich nach § 34 BauGB. In seinem Absatz 1 geht er davon aus, dass Vorhaben zulässig sind, die sich innerhalb von im Zusammenhang bebauten Ortsteilen befinden und die sich nach Art und Maß der baulichen Nutzung, der Bauweise und der Grundstücksfläche, die überbaut werden soll, in die Eigenart der näheren Umgebung einfügen und deren Erschließung gesichert ist.

Die Norm stellt damit vier Voraussetzungen auf, nämlich

- einen unbeplanten Innenbereich,
- das Vorhandensein eines im Zusammenhang bebauten Ortsteils,
- eine festzustellende Eigenart der näheren Umgebung,
- das „Sich-Einfügen" des Bauvorhabens nach den oben genannten Kriterien und
- die Sicherung der Erschließung.

Unbeplanter Innenbereich

Zunächst muss eine Abgrenzung zwischen Innen- und Außenbereich vorgenommen werden. Das kann im Einzelfall aber Schwierigkeiten bereiten.

Innen- und Außenbereich sind danach abzugrenzen, ob sich das geplante Vorhaben innerhalb eines Bebauungszusammenhangs befindet, der einem Ortsteil zuzurechnen ist. Denkbar ist demnach auch der „Außenbereich im Innenbereich".

Ein solcher Außenbereich im Innenbereich ist immer dann anzunehmen, wenn eine besonders große Baulücke herrscht und diese den Eindruck der Geschlossenheit der Bebauung zerstört. Das wird beispielsweise sehr deutlich an einem innerstädtischen Park. Zwar ist dieser regelmäßig gewidmet und schließt bereits deshalb eine Bebauung aus, jedoch zeigt die Größe einer solchen Freifläche bei fehlender Widmung auch, dass ein Bebauungszusammenhang mit den außerhalb des Parks gelegenen Bauwerken nicht mehr besteht.

Im Zusammenhang bebauter Ortsteil

Hier müssen zwei Begriffe definiert werden, zum einen der „Zusammenhang" und zum anderen der „Ortsteil".

Ortsteil ist jeder Bebauungskomplex im Gebiet einer Gemeinde, der nach der Zahl der vorhandenen Bauten ein gewisses Gewicht besitzt und Ausdruck einer organischen Siedlungsstruktur ist (BVerwG, Urteil vom 06.11.1968, IV C 31.66, BVerwGE 31, 22).

Beispiel 1

A möchte sein Wohnhaus zwischen zwei vorhandenen Wohnhäusern errichten. Die beiden anderen Gebäude sind uneinheitlich im Maß der Nutzung, sie folgen keiner faktischen Baulinie oder Baugrenze und machen den Eindruck, in die Landschaft gewürfelt worden zu sein. Um beide vorhandenen Gebäude liegt eine größere Freifläche. A argumentiert, er möchte die Baulücke schließen und beantragt eine Baugenehmigung nach § 34 Abs. 1 BauGB.

Die Baubehörde verweigert ihm diese Genehmigung zu Recht mit dem Hinweis auf das Vorliegen einer unorganischen Splittersiedlung. Es liegt bereits kein Ortsteil vor. ◀

Ein Bebauungszusammenhang liegt vor, wenn nach der Verkehrsauffassung die aufeinander folgende Bebauung trotz etwa vorhandener Baulücken den Eindruck der Geschlossenheit und der Zusammengehörigkeit vermittelt und die zur Bebauung vorgesehene Fläche selbst diesem Zusammenhang noch zugehört (BVerwG, BauR 1991, 308 ff.).

Den Bebauungszusammenhang vermitteln allein bauliche Anlagen von ausreichendem Gewicht. Unbedeutende Anlagen bleiben außer Betracht (vgl. BVerwG, ZfBR 2000, 426).

Der Bebauungszusammenhang endet am letzten Gebäude. Auf die Grundstücksgrenzen kommt es nicht an.

Eigenart der näheren Umgebung

Nicht das gesamte unbeplante Gebiet ist für die Beurteilung der Zulässigkeit eines Bauvorhabens zu betrachten, sondern nur die nähere Umgebung.

Maßstabsbildend im Sinne des § 34 Absatz 1 BauGB ist die Umgebung, insoweit sich die Ausführung eines Vorhabens auf sie auswirken kann und insoweit, als die Umgebung ihrerseits den bodenrechtlichen Charakter des Baugrundstücks prägt oder doch beeinflusst (BVerwG, NVwZ 2014, 1246).

Es zählt die Einheitlichkeit der Umgebung. Alles, was einen gemeinsamen Eindruck vermittelt, zählt zum äußeren Rahmen der näheren Umgebung (OVG Münster, Beschluss vom 25.01.2006, 10 B 2125/05).

Beispiel 2

A möchte ein dreigeschossiges Gebäude mit Flachdach errichten und verweist darauf, dass auf dem auf der anderen Straßenseite gegenüberliegenden Grundstück ebenfalls ein dreigeschossiges Gebäude mit Flachdach errichtet wurde. Die Baubehörde verweigert ihm die Genehmigung und verweist darauf, dass die Eigenart der näheren Umgebung durch zweigeschossige Gebäude in offener Bauweise mit Satteldächern geprägt ist. Tatsächlich kann eine „Ausnahmebebauung“ regelmäßig nicht die Eigenart der näheren Umgebung prägen. ◀

Bei uneinheitlichen Nutzungen (Regelfall) darf dieser äußere Rahmen nicht so eng gezogen werden, dass er sich auf ein oder zwei Grundstücke beschränkt, denn es geht um die Ermittlung eines Baugebiets (OVG Münster, a. a. O.). – Typisierung!

Die nähere Umgebung kann daher für jedes Merkmal der Art und des Maßes der Nutzung unterschiedlich weit gezogen sein.

Mit anderen Worten: Zu betrachten ist die nähere Umgebung des Baugrundstücks.

„Sich Einfügen" des Bauvorhabens

Innerhalb eines Bebauungszusammenhangs ist bei der Frage der Zulässigkeit eines Vorhabens eine typisierende Betrachtungsweise anzustellen. Dabei dürfen grundsätzlich die Nutzungsarten der BauNVO herangezogen werden, da die BauNVO grundsätzlich eine sachverständige Konkretisierung moderner Planungsgrundsätze darstellt (OVG Münster, NVwZ-RR 1996, 493).

Ein Vorhaben fügt sich nach dem Maß der baulichen Nutzung in die Eigenart der näheren Umgebung ein, wenn es dort Referenzobjekte gibt, die bei einer wertenden Gesamtbetrachtung von Grundfläche, Geschosszahl und Höhe, bei offener Bebauung auch nach dem Verhältnis zur Freifläche, vergleichbar sind. Die Übereinstimmung nur in einem Maßfaktor genügt nicht (BVerwG, NVwZ 2017, 717).

Sicherung der Erschließung

Erschließung im Sinne von § 30 Abs. 1 BauGB ist grundstücksbezogen. Sie umfasst regelmäßig den Anschluss an das öffentliche Straßennetz, die Versorgung mit Strom und Wasser und die Abwasserbeseitigung (Battis/Krautzberger/Löhr, BauGB, 14. Aufl., 2019, § 30, Rn. 21). Sind diese Voraussetzungen gegeben, steht der Bebauung eine fehlende Erschließung nicht entgegen.

Ausnahme § 34 Abs. 2 BauGB

Ein im Zusammenhang bebauter Ortsteil kann auch nach § 34 Abs. 2 BauGB beurteilt werden. Dies setzt voraus, dass die Eigenart der näheren Umgebung einem der in der BauNVO charakterisierten Gebiete entspricht. Beispielsweise kann sich die Eigenart der näheren Umgebung als allgemeines Wohngebiet nach § 4 BauNVO darstellen. In einem solchen Fall richtet sich die Zulässigkeit eines Vorhabens seiner Art nach ausschließlich an dem aus, was die entsprechende Norm der BauNVO für ein solches Gebiet als Regelbebauung zulässt. Bei einem allgemeinen Wohngebiet wären dies gemäß § 4 Abs. 2 BauNVO Wohngebäude, die der Versorgung des Gebiets dienenden Läden, Schank- und Speisewirtschaften sowie nicht störende Handwerksbetriebe und Anlagen für kirchliche, kulturelle, soziale, gesundheitliche und sportliche Zwecke.

Alles was nur ausnahmsweise in einem solchen Gebiet zulässig ist, kann dann nach § 31 Abs. 1 BauGB genehmigt werden. Gleichzeitig kommen in einem Gebiet nach § 34 Abs. 2 BauGB auch Befreiungen nach § 31 Abs. 2 BauGB in Betracht.

Nach § 34 Abs. 3a BauGB kann von der Voraussetzung des „Sich-Einfügens" unter den dort genannten Voraussetzungen abgesehen werden. Dies betrifft die Erweiterung bereits vorhandener Gewerbebetriebe oder einer bereits vorhandenen Wohnnutzung.

Nachverdichtung

§ 1a Abs. 2 BauGB – allgemein als Bodenschutzklausel bekannt – berechtigt die Gemeinden zur so genannten Nachverdichtung und zu sonstigen Maßnahmen der Innenentwicklung. Die Gemeinde kann zur Umsetzung dieses Zwecks einen B-Plan gegebenenfalls im beschleunigten Verfahren nach § 13a BauGB aufstellen. Sie muss dies aber nicht und kann stattdessen beispielsweise auf einem ihr gehörenden Grundstück, welches im unbeplanten Innenbereich liegt, auch ohne B-Plan eine Nachverdichtung betreiben.

Beispiel 3

Die Gemeinde G möchte auf ihrem Grundstück im unbeplanten Innenbereich eine Wohnanlage mit 14 Wohnungen errichten. Die Eigenart der näheren Umgebung ist von zweigeschossigen Gebäuden als Einfamilienhäuser in offener Bauweise geprägt. Nach der Art der Nutzung fügt sich die Wohnanlage ein, nicht jedoch nach dem Maß der Nutzung.

G kann im Rahmen der ihr durch § 1a Abs. 2 BauGB zugebilligten Möglichkeit der Nachverdichtung beim Maß der baulichen Nutzung abweichen. Sie hat insoweit nur das drittschützende Gebot der Rücksichtnahme zu beachten. ◀

Dem abstrakten Maß der baulichen Nutzung (Geschossflächenzahl und Grundflächenzahl) kommt für die Auslegung des Begriffs des Einfügens keine rechtliche Bedeutung zu. Gleiches gilt für die Anzahl der Wohneinheiten in einem Gebäude (VG Freiburg, Beschluss vom 18.12.2008, 4 K 2219/08). Damit kann eine Gemeinde beim Maß der Nutzung im unbeplanten Innenbereich von der Eigenart der näheren Umgebung bis zur Grenze der Rücksichtslosigkeit abweichen. Damit kann die durch das BauGB ermöglichte Nachverdichtung auch ohne B-Plan erreicht werden.

2.3.3 Vorhaben im Außenbereich

Im Außenbereich soll generell nicht gebaut werden.

Bauvorhaben im Außenbereich können so genannte privilegierte Vorhaben nach § 35 Abs. 1 BauGB sein. Sie sind dort grundsätzlich zuzulassen, soweit ihnen öffentliche Belange nicht entgegenstehen und die Erschließung gesichert ist. Dies gilt für ein Vorhaben, welches nach § 35 Abs. 1 BauGB

1. einem land- oder forstwirtschaftlichen Betrieb dient und nur einen untergeordneten Teil der Betriebsfläche einnimmt,
2. einem Betrieb der gartenbaulichen Erzeugung dient,
3. der öffentlichen Versorgung mit Elektrizität, Gas, Telekommunikationsdienstleistungen, Wärme und Wasser, der Abwasserwirtschaft oder einem ortsgebundenen gewerblichen Betrieb dient,
4. wegen seiner besonderen Anforderungen an die Umgebung, wegen seiner nachteiligen Wirkung auf die Umgebung oder wegen seiner besonderen Zweckbestimmung nur im Außenbereich ausgeführt werden soll, es sei denn, es handelt sich um die Errichtung, Änderung oder Erweiterung einer baulichen Anlage zur Tierhaltung, die dem Anwendungsbereich der Nummer 1 nicht unterfällt und die einer Pflicht zur Durchführung einer standortbezogenen oder allgemeinen Vorprüfung oder einer Umweltverträglichkeitsprüfung nach dem Gesetz über die Umweltverträglichkeitsprüfung unterliegt, wobei bei kumulierenden Vorhaben für die Annahme eines engen Zusammenhangs diejenigen Tierhaltungsanlagen zu berücksichtigen sind, die auf demselben Betriebs- oder Baugelände liegen und mit gemeinsamen betrieblichen oder baulichen Einrichtungen verbunden sind,
5. der Erforschung, Entwicklung oder Nutzung der Wind- oder Wasserenergie dient,
6. der energetischen Nutzung von Biomasse im Rahmen eines Betriebs nach Nummer 1 oder 2 oder eines Betriebs nach Nummer 4, der Tierhaltung betreibt, sowie dem Anschluss solcher Anlagen an das öffentliche Versorgungsnetz dient, unter folgenden Voraussetzungen:
   a) das Vorhaben steht in einem räumlich-funktionalen Zusammenhang mit dem Betrieb,
   b) die Biomasse stammt überwiegend aus dem Betrieb oder überwiegend aus diesem und aus nahe gelegenen Betrieben nach den Nummern 1, 2 oder 4, soweit letzterer Tierhaltung betreibt,

c) es wird je Hofstelle oder Betriebsstandort nur eine Anlage betrieben und
d) die Kapazität einer Anlage zur Erzeugung von Biogas überschreitet nicht 2,3 Mio. Normkubikmeter Biogas pro Jahr, die Feuerungswärmeleistung anderer Anlagen überschreitet nicht 2,0 Megawatt,

7. der Erforschung, Entwicklung oder Nutzung der Kernenergie zu friedlichen Zwecken oder der Entsorgung radioaktiver Abfälle dient, mit Ausnahme der Neuerrichtung von Anlagen zur Spaltung von Kernbrennstoffen zur gewerblichen Erzeugung von Elektrizität, oder
8. der Nutzung solarer Strahlungsenergie in, an und auf Dach- und Außenwandflächen von zulässigerweise genutzten Gebäuden dient, wenn die Anlage dem Gebäude baulich untergeordnet ist.

Beispiel 4

Der Millionär M möchte gerne ein Wochenendhaus im Wald und erwirbt zu diesem Zweck ein Forsthaus, welches er gemütlich ausstattet und es dann als Wochenendhaus in Betrieb nimmt. Die BABeh erlässt daraufhin eine Nutzungsuntersagung, da „Wohnen im Außenbereich" auch als Wochenendnutzung nicht zulässig ist. M pachtet deshalb einen Hektar Waldfläche hinzu und teilt der Behörde mit, dass er jetzt Forstwirtschaft im Sinne des § 35 Abs. 1 Nr. 1 BauGB betreibe. Jedes Jahr fälle er dort einen Weihnachtsbaum für das Forsthaus. Damit diene das Forsthaus jetzt einem forstwirtschaftlichen Betrieb. Die Behörde bleibt bei ihrer Untersagung.

Dies zu recht, da hier nicht das Forsthaus einem forstwirtschaftlichen Betrieb dient, sondern der „forstwirtschaftliche Betrieb" der Wohnnutzung. M müsste, um eine angegliederte Wohnnutzung rechtfertigen zu können, einen Forstbetrieb errichten, der sich eigenwirtschaftlich trägt. ◄

Alle nicht in § 35 Abs. 1 BauGB aufgeführten Vorhaben sind nicht privilegiert. Ihre Zulassung regelt sich nach § 35 Abs. 2 BauGB. Sie sind nur zulässig, soweit sie öffentliche Belange nicht beeinträchtigen. Eine solche Beeinträchtigung öffentlicher Belange liegt insbesondere vor, wenn das Vorhaben

1. den Darstellungen des Flächennutzungsplans widerspricht,
2. den Darstellungen eines Landschaftsplans oder sonstigen Plans, insbesondere des Wasser-, Abfall- oder Immissionsschutzrechts, widerspricht,
3. schädliche Umwelteinwirkungen hervorrufen kann oder ihnen ausgesetzt wird,

4. unwirtschaftliche Aufwendungen für Straßen oder andere Verkehrseinrichtungen, für Anlagen der Versorgung oder Entsorgung, für die Sicherheit oder Gesundheit oder für sonstige Aufgaben erfordert,
5. Belange des Naturschutzes und der Landschaftspflege, des Bodenschutzes, des Denkmalschutzes oder die natürliche Eigenart der Landschaft und ihren Erholungswert beeinträchtigt oder das Orts- und Landschaftsbild verunstaltet,
6. Maßnahmen zur Verbesserung der Agrarstruktur beeinträchtigt, die Wasserwirtschaft oder den Hochwasserschutz gefährdet,
7. die Entstehung, Verfestigung oder Erweiterung einer Splittersiedlung befürchten lässt oder
8. die Funktionsfähigkeit von Funkstellen und Radaranlagen stört.

Besondere Vorsicht ist daher bei Veränderungen bestehender Gebäude im Außenbereich geboten. Auch scheinbar nebensächliche Veränderungen können das ursprünglich legal errichtete Vorhaben „entlegalisieren".

Beispiel 5

Landwirt L hat im Außenbereich eine Reithalle errichtet. Hierfür hat er eine Baugenehmigung nach § 35 Abs. 2 BauGB erhalten. Nunmehr plant er die Dachflächen der Reithalle für eine Photovoltaikanlage zu nutzen, die nicht nur den Energiebedarf der Reithalle deckt, sondern deren überschüssige Energie ins Energienetz eingeleitet wird. Dabei wird der größte Teil der erzeugten Energie nicht für die Reithalle verwendet, sondern in das Stromnetz eingespeist.

Damit wandelt sich der ursprüngliche Zweck der Anlage von einer reinen Pferdesportanlage zu einem Kraftwerk. Folglich stellt sich die Genehmigungsfrage neu. ◀

2.3.4 Vorhaben im Planaufstellungsverfahren

Hat sich die Gemeinde zur Aufstellung eines B-Plans entschlossen, so sind Vorhaben nur noch zulässig, die diesem B-Plan nicht widersprechen. Um Genehmigungen während der Planaufstellung zu vermeiden, kann die Gemeinde eine Veränderungssperre nach § 14 BauGB erlassen oder Baugesuche nach § 15 BauGB zurückstellen.

Die Aufstellung eines B-Plans nimmt üblicherweise einige Zeit in Anspruch. Sie erfordert zumindest eine förmliche Öffentlichkeits- und Behördenbeteiligung nach den §§ 3 Abs. 2, 4 Abs. 2 BauGB. Dennoch soll bauwilligen Bürgern schon während der Planaufstellung die Möglichkeit gegeben werden, eine Baugenehmigung zu erhalten. Diese Fälle regelt § 33 BauGB.

§ 33 Abs. 1 BauGB
In Gebieten, für die ein Beschluss über die Aufstellung eines Bebauungsplans gefasst ist, ist ein Vorhaben zulässig, wenn

1. die Öffentlichkeits- und Behördenbeteiligung nach § 3 Absatz 2, § 4 Absatz 2 und § 4a Absatz 2 bis 5 durchgeführt worden ist,
2. anzunehmen ist, dass das Vorhaben den künftigen Festsetzungen des Bebauungsplans nicht entgegensteht,
3. der Antragsteller diese Festsetzungen für sich und seine Rechtsnachfolger schriftlich anerkennt und
4. die Erschließung gesichert ist.

§ 33 Abs. 1 BauGB regelt die Voraussetzungen, unter denen bereits eine Baugenehmigung erteilt werden kann, obwohl der zugrunde liegende B-Plan noch nicht rechtskräftig geworden ist.

Entscheidend ist, dass durch eine Prognoseentscheidung sicher abgeschätzt werden kann, dass das beantragte Bauvorhaben dem künftigen B-Plan nicht widerspricht.

2.4 Ausnahmen und Dispens nach § 31 BauGB

Ausnahmen
§ 31 Abs. 1 BauGB:

Von den Festsetzungen des Bebauungsplans können solche Ausnahmen zugelassen werden, die in dem Bebauungsplan nach Art und Umfang ausdrücklich vorgesehen sind.

Die Gemeinden können in den Baugebieten nach den §§ 2–9 BauNVO von den dort möglichen Ausnahmen in den jeweiligen Absätzen 3 nach der Art der Bebauung Gebrauch machen. Sie können weiterhin von den sonstigen Festsetzungsmöglichkeiten Ausnahmen bestimmen, so bspw. beim Maß der baulichen Nutzung (§ 16 Abs. 6 BauNVO), Berechnung der Grundstücksflächen (§ 21a Abs. 2 BauNVO) oder auch von weiteren Festsetzungen (bspw. Grünordnungsplan).

Beispiel 6

Gemeinde G setzt in einem B-Plan einzuhaltende Baugrenzen auf den Grundstücken fest. In den Festsetzungen heißt es weiter: „Ausnahmen von den festgesetzten Baugrenzen sind möglich, wenn die Vorgaben der angrenzenden Freiflächen eingehalten werden."

Hier kann die BABeh eine Ausnahme erteilen, weil diese im B-Plan ausdrücklich vorgesehen ist und dort auch die tatbestandlichen Voraussetzungen einer Ausnahme vorgegeben werden. ◀

Die Erteilung einer Ausnahme von den Festsetzungen des B-Plans erfordert, dass die BABeh nach § 36 BauGB das Einvernehmen der Gemeinde einholt, jedenfalls dann, wenn beide Behörden nicht identisch sind. Durch die Aufnahme eines Ausnahmevorbehalts ist insofern die letztendliche planerische Entscheidung noch offen. Die Entscheidung über die Ausnahme hat also Planungscharakter (Battis/Krautzberger/Löhr/Reidt, 14. Aufl. 2019, BauGB, § 31 Rn. 16).

Befreiung
§ 31 Abs. 2 BauGB:

2. Von den Festsetzungen des Bebauungsplans kann befreit werden, wenn die Grundzüge der Planung nicht berührt werden und
   1. Gründe des Wohls der Allgemeinheit, einschließlich des Bedarfs zur Unterbringung von Flüchtlingen oder Asylbegehrenden, die Befreiung erfordern oder
   2. die Abweichung städtebaulich vertretbar ist oder
   3. die Durchführung des Bebauungsplans zu einer offenbar nicht beabsichtigten Härte führen würde und wenn die Abweichung auch unter Würdigung nachbarlicher Interessen mit den öffentlichen Belangen vereinbar ist.

§ 31 Abs. 2 BauGB enthält damit folgende Voraussetzungen:

- die Grundzüge der gemeindlichen Planung dürfen nicht berührt werden und entweder
- erfordern Gründe des Wohls der Allgemeinheit die Befreiung oder
- die Abweichung ist städtebaulich vertretbar oder
- die Durchführung des B-Plans führt zu einer offenbar nicht beabsichtigten Härte und
- die Abweichung ist unter Würdigung nachbarlicher Belange mit den öffentlichen Belangen vereinbar.

Grundzüge der gemeindlichen Planung:

Das Bundesverwaltungsgericht (BVerwG) hat in seiner Entscheidung vom 05.03.1999 (4 B 5.99) ausgeführt, was zu den Grundzügen der Planung zu rechnen ist. In dieser Entscheidung heißt es:

> „(…). Ob die Grundzüge der Planung berührt werden, hängt von der jeweiligen Planungssituation ab. Entscheidend ist, ob die Abweichung dem planerischen Grundkonzept zuwiderläuft. Je tiefer die Befreiung in das Interessengeflecht der Planung eingreift, desto eher liegt der Schluss auf eine Änderung der Planungskonzeption nahe, die nur im Wege der (Um-) Planung möglich ist. Die Befreiung kann nicht als Vehikel dafür herhalten, die von der Gemeinde getroffene planerische Regelung beiseite zu schieben. (…)."

Gründe des Wohls der Allgemeinheit

Die Reurbanisierung vieler deutscher Städte geht einher mit einem wachsenden Bedarf an Wohnraum. Die Befriedung eines dringenden Wohnbedarfs kann eine Befreiung aus Gründen des Allgemeinwohls rechtfertigen (Schiller in Bracher/Reidt/Schiller, Bauplanungsrecht, 8. Aufl. 2014, Rn. 1939). Ob ein solcher dringender Wohnbedarf vorliegt, kann aber nicht allein anhand einer Prognose über das Bevölkerungswachstum vorgenommen werden. Eine nur irgendwie geartete Nützlichkeit des Vorhabens reicht dazu nicht aus (BVerwGE 138, 166).

Städtebauliche Vertretbarkeit

Eine städtebauliche Vertretbarkeit ist anzunehmen, wenn die geplante Nutzung, für die ein Dispens erteilt werden soll, im Rahmen der Aufstellung oder der Änderung eines B-Plans abwägungsfehlerfrei möglich wäre.

Wenn unter Berücksichtigung des Abwägungsgebotes (§ 1 Abs. 7 BauGB) anstelle der vorhandenen Planfestsetzung auch eine solche erfolgen könnte, nach der das geplante Vorhaben allgemein zulässig wäre (BVerwGE 108, 190). Allerdings erlaubt § 31 Abs. 2 Nr. 2 BauGB nur Randkorrekturen der Planung, nicht hingegen eine umfassende Planänderung in Richtung auf einen zwar rechtlich möglichen, gleichwohl von der Gemeinde nicht gewollten und so auch nicht erlassenen B-Plan (Schiller in Bracher/Reidt/Schiller, Bauplanungsrecht, 8. Aufl. 2014, Rn. 1939, Rn. 1945).

Offensichtlich nicht beabsichtigte Härte

Der Befreiungsgrund der nicht beabsichtigten Härte ist sehr eng auszulegen; er umfasst nur Fälle, in denen die Durchführung des B-Plans zu einem nicht sinnvollen Ergebnis führen würde, das bei Aufstellung des Plans offenbar nicht beabsichtigt worden ist (BVerwGE 40, 268). Allein wirtschaftliche Nachteile reichen hierfür nicht aus. Die nachteiligen Folgen in einem Einzelfall müssen von der planaufstellenden Behörde offenbar nicht berücksichtigt worden sein.

Ein B-Plan enthält die Festsetzung von höchstens zwei Wohnungen je Wohngebäude. Er will damit eine Verdichtung des Plangebiets verhindern. Er lässt keine Ausnahmen zugunsten der Bestandsgebäude zu. Im Fall des Abrisses und der anschließenden Neubebauung sollen die Regelungen des B-Plans Anwendung finden.

Beispiel 7

Die A möchte in einem vor dem Inkrafttreten des B-Plans vorhandenen Wohn- und Geschäftshaus die gewerbliche Nutzung aufgeben und weitere 4 Wohnungen schaffen. Das Haus weicht als Solitär von der ebenfalls vor dem Inkrafttreten des B-Plans entstandenen Umgebungsbebauung ab. 4 (zusätzliche) Wohnungen lässt der B-Plan aber nicht zu, der andererseits wiederum ein reines Wohngebiet (WR) festsetzt.

Die bloße Verhinderung einer Nutzungsänderung bereits vorhandener Räumlichkeiten zur Wohnnutzung verhindert nicht die mit dem B-Plan verfolgte Absicht der Vermeidung einer Nutzungsintensivierung.

Die Festlegung von nur zwei Wohnungen je Wohngebäude stellt sich als unbeabsichtigte Härte im Einzelfall dar. ◄

Beispiel 8

A hat ein Grundstück erworben und möchte darauf das gleiche Fertighaus wie seine Nachbarn errichten, nur leider ist der Grundstückszuschnitt seines Eckgrundstücks so, dass das beabsichtigte Fertighaus die GRZ um 0,40 cm^2 überschreitet.

Dass sich ausgerechnet das Eckgrundstück nicht für das auf den beiden nahezu gleich großen Nachbargrundstücken errichtete Fertighaus eignet, hat der B-Plan nicht gesehen und offenkundig auch nicht gewollt. Hier liegt ebenfalls eine nicht beabsichtigte Härte vor. ◄

Nachbarliche Belange

Da ein Bebauungsplan insbesondere auch dazu dient, unter den Nachbarn einen Interessenausgleich zu gewährleisten, von dem durch eine Befreiung zumindest teilweise abgewichen werden soll, muss für deren Zulässigkeit entscheidend darauf abgehoben werden, ob – bei Vorliegen der übrigen Voraussetzungen – in den durch den Bebauungsplan bewirkten nachbarlichen Interessenausgleich nicht erheblich störend eingegriffen würde (Battis/Krautzberger/Löhr/Reidt, 14. Aufl. 2019, BauGB § 31 Rn. 32). Die BABeh muss daher zunächst prüfen, ob nachbarliche Interessen konkret betroffen sein können. Ist dies der Fall, muss sie zwischen nachbarschützenden Festlegungen und solchen unterscheiden, die nicht nachbarschützend sind. Je nach Schwere des Eingriffs muss sie diesen nachbarlichen Belangen die entsprechende Bedeutung im Rahmen der Abwägung einräumen.

Grundsätzlich gilt
Der Nachbar kann umso mehr an Rücksichtnahme verlangen, je empfindlicher seine Stellung durch eine an die Stelle der im Bebauungsplan festgesetzten Nutzung tretende andersartige Nutzung berührt wird. Umgekehrt braucht derjenige, der die Befreiung in Anspruch nehmen will, umso weniger Rücksicht zu nehmen, je verständlicher und unabweisbarer die von ihm verfolgten Interessen sind (BVerwG, Urteil vom 06.10.1989, 4 C 14.87).

Auch die Erteilung einer Befreiung von den Festsetzungen des B-Plans erfordert, dass die BABeh nach § 36 BauGB das Einvernehmen der Gemeinde einholt.

3 Bauordnungsrecht

Anders als das Bauplanungsrecht befasst sich das Bauordnungsrecht nicht mit der Bodennutzung, sondern mit den Anforderungen an Bauwerke, mit den Genehmigungsverfahren und mit den Ordnungswidrigkeiten, soweit Bauausführende bspw. die erforderlichen Genehmigungen nicht eingeholt haben, ihre Anzeigepflichten verletzen oder eine verbotene Nutzung betreiben.

Damit gehört das Bauordnungsrecht zum Polizeirecht, was häufig auch durch den Ausdruck „baupolizeilich" deutlich wird.

3.1 Die Genehmigungsverfahren

3.1.1 Genehmigungsfreiheit

§ 61 der MBO enthält einen Katalog der verfahrensfreien Bauvorhaben. Alle Bauordnungen der Länder haben ebenfalls einen solchen Katalog erstellt, der weitgehend den in der MBO genannten Bauvorhaben entspricht. Merkmal der verfahrensfreien Bauvorhaben ist, dass sie keiner *präventiven* Kontrolle durch die Baugenehmigungsbehörden bedürfen. Diesen genehmigungsfreien Vorhaben ist eigen, dass sie weder einer Genehmigung durch noch einer Anzeige an die BABeh bedürfen. Es findet *keine präventive Kontrolle* durch die BABeh statt.

Genehmigungsfrei sind jedoch nur Einzelvorhaben. Es soll ausgeschlossen werden, dass durch genehmigungsfreie Herstellung einer Vielzahl von im Zusammenhang stehender Vorhaben am Ende ein Vorhaben entsteht, welches bei isolierter Betrachtung einem der Genehmigungsverfahren unterliegt.

C. Conrad, *Öffentliches Baurecht und die Genehmigungsvoraussetzungen*,
essentials, https://doi.org/10.1007/978-3-658-30589-5_3

Die verfahrensfreien Bauvorhaben werden enumerativ in den Landesbauordnungen selbst aufgeführt oder in Anhängen hierzu, wie bspw. in Baden-Württemberg oder Niedersachsen.

Beispiele für verfahrensfreie Bauvorhaben nach § 61 Abs.1 und 2 MBO (nicht abschließend):

- Garagen, überdachte Stellplätze mit bestimmten Maßen,
- Gewächshäuser, Gartenlauben, Wochenendhäuser,
- Solaranlagen in, an und auf Dach- und Außenwandflächen,
- Stützmauern und Einfriedungen bis zu einer bestimmten Höhe im Innenbereich,
- Aufschüttungen und Abgrabungen mit bestimmten Maßen,
- nichttragende Bauteile in baulichen Anlagen,
- unbefestigte Lager- und Abstellplätze, die einem land- oder forstwirtschaftlichen Betrieb dienen,
- Nutzungsänderungen.

Verfahrensfreiheit bedeutet einen gänzlichen Verzicht auf die Durchführung eines *förmlichen* Genehmigungsverfahrens. Hier gilt der Vorrang der Eigentumsfreiheit. Verfahrensfreiheit bedeutet die Freiheit von Genehmigung *und* Anzeige!

Auch wenn der Bauausführender hier frei von Anzeige und Genehmigung ist, so muss er dennoch das *materielle Baurecht* einhalten. Verfahrensfreie Bauvorhaben ermöglichen lediglich die Befreiung vom formellen Recht. Es kann – jederzeit – eine *repressive Kontrolle* durch die BABeh mit den entsprechenden ordnungsbehördlichen Maßnahmen erfolgen.

Beispiel 9

A wohnt in Rheinland-Pfalz. In seinem Garten errichtet er eine Gartenlaube mit einer Grundfläche von 20 m^2 und einem Rauminhalt von 50 m^3. Zuvor schaut er in die Landesbauordnung Rheinland-Pfalz. Dort entdeckt er in § 62 Abs. 1 Nr. 1, das Gebäude ohne Aufenthaltsräume, Toiletten und Feuerstätten bis 50 m^3 Rauminhalt verfahrensfrei sind. Etwa ein halbes Jahr nach der Errichtung erscheint eine Vertreterin der BABeh und fragt nach der Genehmigung. A sagt, er bräuchte hierfür keine Genehmigung, da die Laube ja verfahrensfrei sei. Die Beamtin der BABeh verweist auf den Bebauungsplan und darauf, dass dieser in dem fraglichen Bereich eine von Bebauung freizuhaltende Grünfläche vorsehe. ◀

Tatsächlich hat sich A nicht mit dem B-Plan und damit mit dem Bauplanungsrecht auseinandergesetzt. Die Gartenlaube hätte zwar verfahrensfrei errichtet werden dürfen (formelles Recht), sie durfte aber nicht im Widerspruch zu öffentlich-rechtlichen Vorschriften wie hier dem B-Plan stehen, der an dieser Stelle eine Freihaltung von Bauwerken verlangte (materielles Recht). Da die Gartenlaube gegen das materielle Recht verstößt, muss A sich entweder nachträglich um eine Genehmigung bemühen oder – falls eine Genehmigung nicht in Betracht kommt – die Gartenlaube wieder abbauen.

Beispiel 10

B wohnt in Brandenburg. Er hat ein Mehrfamilienhaus gekauft. Das Mehrfamilienhaus liegt im Bereich eines B-Plans, welcher ein reines Wohngebiet (WR) nach § 3 BauNVO ausweist. B möchte aus den beiden unteren Wohnungen Gewerbeeinheiten machen. Er weiß, dass er hierfür eine Genehmigung zur Nutzungsänderung benötigt. Diese hat er auch bereits beantragt. Dies hält ihn aber nicht davon ab, die notwendigen Umbauten im Inneren, die er alle zutreffenderweise den verfahrensfreien Bauvorhaben des § 61 der Brandenburgischen Bauordnung (BbgBO) zuordnet, bereits auszuführen. Eines Tages erscheint Bauamtsleiter B auf der Baustelle und weist B darauf hin, dass er keine Genehmigung für die Ausführung dieser Arbeiten habe und erlässt noch an Ort und Stelle einen Baustopp mit Sofortvollzug. B wendet ein, alle Arbeiten seien verfahrensfrei. ◀

Nach der Rechtsprechung bedarf es dann eines Genehmigungs-(freistellungs-) verfahrens, wenn es sich *nicht mehr* um selbstständige Einzelvorhaben handelt (Bsp. Erneuerung Treppenbeläge, Versetzen von Trockenbauwänden, Erneuerung der Fassade), sondern wenn diese an sich verfahrensfreien Vorhaben aufgrund ihres engen zeitlichen Zusammenhangs und aufgrund ihres planerischen, technischen und funktionellen Zusammenhangs eine Einheit mit einem genehmigungspflichtigen Vorhaben bilden. So verhält es hier. Die Arbeiten dienen der Vorbereitung einer geänderten Nutzung, die ihrerseits genehmigungsbedürftig ist, weil der B-Plan Gewerbe im reinen Wohngebiet grundsätzlich nicht vorsieht.

Hier gilt jedoch einschränkend, dass die verfahrensfreien Bauvorhaben so ausgestaltet sein müssen, dass sie nur noch die spätere, genehmigungspflichtige Nutzung zulassen.

Die Annahme, dass Bauarbeiten der Aufnahme einer bestimmten – genehmigungspflichtigen – Nutzung dienten, ist nur dann gerechtfertigt, wenn nur noch diese Nutzung infrage kommt und durch die Arbeiten jede andere Nutzung ausgeschlossen wird. Erweisen sich die (begonnenen oder beabsichtigten) Baumaßnahmen dagegen in Bezug auf die künftige Nutzung des Gebäudes als neutral, kann ihnen nicht die Genehmigungspflichtigkeit einer konkreten Nutzung entgegengehalten werden. (OVG Berlin-Brandenburg, Beschluss vom 22.12.2016 – OVG 10 S 42.15).

Beispiel 11

A plant die Errichtung eines Mehrfamilienhauses der Gebäudeklasse 5. Hinzukommen sollen noch ein Geräteschuppen für die Unterstellung der Gartengeräte sowie eine Doppelgarage zum Nachweis der erforderlichen Stellplätze. Er beantragt das Baugenehmigungsverfahren nur für das Haus. Für Schuppen und Garage stellt er keinen Bauantrag, da diese nach der entsprechenden Landesbauordnung genehmigungsfrei sind. ◀

Hier fällt die Errichtung aller Vorhaben in einen engen baulichen und zeitlichen Zusammenhang, da sie einem einheitlichen Willensentschluss des A entspringen. Zudem ist die Genehmigungsfähigkeit des Hauses vom Stellplatznachweis abhängig, der nur mit der Garage erbracht werden kann. Es liegt folglich ein einheitliches Vorhaben vor, dass nicht in genehmigungsfreie und genehmigungspflichtige Teile getrennt werden kann.

Beispiel 12

A plant den Umbau des Erdgeschosses seines Hauses von Gewerbe zu Wohnen. Dazu ist das Versetzen von Trockenbauwänden, die Trennung der elektrischen Anschlüsse, der Einbau einer Küche und die bauliche Trennung in 2 Wohnungen erforderlich. Alle Maßnahmen sind für sich betrachtet nach der entsprechenden Landesbauordnung genehmigungsfrei, nicht jedoch die Nutzungsänderung von „Wohnen" in „Gewerbe", da der B-Plan nur „Wohnen" vorsieht. ◀

Die Umwandlung der Gewerbenutzung in eine Wohnnutzung ist aus bauplanungsrechtlichen Gründen genehmigungspflichtig, weil Wohnen nicht der nach dem B-Plan vorgesehenen Nutzungsart entspricht. Wenn nun die an sich genehmigungsfreien Einzelmaßnahmen am Ende nur noch die genehmigungspflichtige Wohnnutzung zulassen und sie damit quasi vorbereiten, dann sind auch diese Einzelmaßnahmen genehmigungspflichtig (VG Cottbus, Urteil vom 25.04.2017, VG 3 K 720/15 – nicht rechtskräftig).

Beispiel 13

A gibt sein Wohnhaus auf. Künftig möchte er dort seine Schreinerei mit vier Mitarbeitern betreiben. Die Räumlichkeiten im Erdgeschoss sind großzügig bemessen, sodass sie auch der Unterbringung einer Schreinerwerkstatt dienen können. Lediglich mehrere Trockenbauwände müssen entfernt werden, was genehmigungsfrei ist. ◀

Das gesamte Vorhaben ist genehmigungspflichtig. Gewerbe ist bauplanungsrechtlich regelmäßig anders zu beurteilen als die Wohnnutzung. Die Nutzungsänderung muss den an sie zu stellenden öffentlich-rechtlichen Anforderungen gerecht werden. Dazu gehört die Frage, ob Gewerbe an dieser Stelle bauplanungsrechtlich zulässig ist. Hinzu kommen andere brandschutzrechtliche, arbeitsschutzrechtliche und immissionsschutzrechtliche Anforderungen an den Betrieb einer Schreinerei.

Beispiel 14

A baut in Berlin einen Carport unmittelbar an der straßenseitigen Grundstücksgrenze. Er ist ein aufmerksamer Bürger und hat sich vorher den B-Plan angesehen. Dieser stammt von 1960 und enthält Begrifflichkeiten, die A so nicht kennt. Dazu existiert ein weiterer Textbebauungsplan von 1971, der abstrakt davon spricht, dass förmlich festgesetzte Baufluchtlinien unberührt bleiben. Von „förmlich festgesetzte Baufluchtlinien" hat A noch nie etwas gehört. Er schaut in die Bauordnung für Berlin; danach ist der Carport genehmigungsfrei. A errichtet diesen und erhält wenig später vom Bezirksamt ein Schreiben, mit der Aufforderung, den Carport zu beseitigen, weil dieser gegen die 1896 nach dem Preußischen Fluchtliniengesetz von 1875 förmlich festgesetzten Baufluchtlinien verstößt. ◀

Auch bei genehmigungsfreien Vorhaben ist Vorsicht geboten. Sie bedürfen zwar keiner förmlichen Genehmigung, müssen sich aber an das bereits vorhandene Baurecht halten. Diese Prüfung kann – wie das oben angeführte Beispiel zeigt – schwierig sein, weil es eine Fülle von übergeleiteten Rechtsvorschriften gibt, die vor dem Inkrafttreten des Bundesbaugesetzes (BBauG, jetzt: BauGB) vorhanden waren und nach § 173 BBauG Fortgeltung beanspruchen, so auch die förmlich festgelegten Baufluchtlinien nach dem Preußischen Fluchtliniengesetz von 1875 in (West-) Berlin.

3.1.2 Genehmigungsfreistellung/Planungsrechtlicher Bescheid

Die Genehmigungsfreistellung nach der MBO (so verwendet auch in: Bayern, Berlin, Bremen, Hessen, Mecklenburg-Vorpommern, Nordrhein-Westfalen, Sachsen-Anhalt, Schleswig-Holstein, Thüringen) hat in einigen Bundesländern eine andere Begrifflichkeit:

Baden-Württemberg	Kenntnisgabeverfahren
Brandenburg	Bauanzeigeverfahren
Hamburg	Baufreistellung, Sonstige genehmigungsfreie Bauvorhaben
Rheinland-Pfalz und Saarland	Freistellungsverfahren
Sachsen	Anzeigeverfahren

Bei der Genehmigungsfreistellung handelt es sich – anders als bei den verfahrensfreien Bauvorhaben – um ein *Genehmigungsverfahren.* Zwar wird auch hier im Regelfall keine behördliche Genehmigung erteilt, jedoch muss der Bauausführende seine Absichten unter Einreichung bestimmter Unterlagen der BABeh vor dem Beginn der Bauarbeiten zur Kenntnis geben bzw. anzeigen.

Derartige Vorhaben sind nicht mehr verfahrensfrei, jedoch von untergeordneter Bedeutung, sodass ein vollständiges Baugenehmigungsverfahren unangebracht erscheint. Streng auseinandergehalten werden müssen hier die ähnlich klingenden Begriffe „Verfahrensfreiheit" und „Genehmigungsfreistellung".

Voraussetzung für ein solches Genehmigungsfreistellungsverfahren ist in den meisten Landesbauordnungen die Eingruppierung des Bauvorhabens in bestimmte Gebäudeklassen. Eine Ausnahme bildet hier Berlin. Dort können Gebäude sämtlicher Gebäudeklassen im Wege der Genehmigungsfreistellung genehmigt werden.

So lautet stellvertretend § 62 Abs. 1 Brandenburgische Bauordnung (BbgBO):

> Für die Errichtung und Änderung von Wohngebäuden der Gebäudeklassen 1 und 2, einschließlich der zugehörigen notwendigen Stellplätze, notwendigen Abstellplätze für Fahrräder, Garagen, Nebengebäude und Nebenanlagen im Geltungsbereich eines rechtswirksamen Bebauungsplans nach § 30 Absatz 1 oder Absatz 2 des Baugesetzbuchs wird abweichend von den §§ 63 und 64 auf Wunsch der Bauherrin oder des Bauherrn ein Bauanzeigeverfahren durchgeführt, wenn das Vorhaben den Festsetzungen des Bebauungsplans nicht widerspricht und die Erschließung gesichert ist.

Die BbgBO verlangt hier bei der Errichtung von Wohngebäuden, dass diese nur dann der Genehmigungsfreistellung unterworfen werden können, wenn sie den Gebäudeklassen 1 und 2 zugehörig sind. Diese Gebäudeklassen werden in § 2 Abs. 3 der BbgBO definiert. Hierzu zählen freistehende Gebäude mit einer Höhe bis zu 7 Metern und nicht mehr als zwei Nutzungseinheiten von insgesamt nicht mehr als 400 Quadratmeter Grundfläche und freistehende land- oder forstwirtschaftlich genutzte Gebäude (Gebäudeklasse 1) sowie Gebäude mit einer Höhe bis zu 7 Metern und nicht mehr als zwei Nutzungseinheiten von insgesamt nicht mehr als 400 Quadratmeter Grundfläche (Gebäudeklasse 2).

Unabdingbare weitere Voraussetzungen für eine Genehmigungsfreistellung sind, dass das Bauvorhaben im Geltungsbereich eines B-Plans liegt, diesem entspricht und seine Erschließung gesichert ist.

Folglich scheidet eine Genehmigungsfreistellung von vornherein aus bei:

- Bauvorhaben, die den Festsetzungen des B-Plans widersprechen,
- Bauvorhaben, die im Bereich der im Zusammenhang bebauten Ortsteile nach § 34 BauGB liegen und
- Bauvorhaben, die im Außenbereich nach § 35 BauGB liegen.

Beispiel 15

Die A wohnt in Thüringen und möchte in ihrem Hausgarten ein Gewächshaus mit einer Fläche von 12 m^2 bauen. Nach einem Blick in § 60 Abs. 1 Nr. 1 lit. d Thüringer Bauordnung (ThürBO) stellt sie freudig die Genehmigungsfreiheit fest, woraufhin sie den B mit der Errichtung beauftragt. Gleichzeitig unterlässt sie eine Mitteilung an die BABeh. Nach der Errichtung erhält sie Post von der BABeh, in der eine Nutzungsuntersagung wegen formeller Illegalität ausgesprochen und sie aufgefordert wird, Bauantragsunterlagen einzureichen. ◀

Nach § 60 Abs. 1 Nr. 1 lit. d ThürBO sind Gewächshäuser dieser Größe nur verfahrensfrei, wenn sie im Zusammenhang mit einem land- oder forstwirtschaftlichen Betrieb oder einem Betrieb der gartenbaulichen Erzeugung im Sinne des § 35 Abs. 1 Nr. 1 und 2 BauGB in Verbindung mit § 201 BauGB stehen. Es handelt sich bei dem Gewächshaus auch nicht um ein verfahrensfreies Gebäude im Sinne von § 60 Abs. 1 Nr. 1 lit. a ThürBO, da es mehr als 10 m^2 Grundfläche hat. Es ist aber ein Gebäude der Gebäudeklasse 1 nach § 2 Abs. 3 Nr. 1 lit. a ThürBO. Ein solches Gebäude kann der Genehmigungsfreistellung unterliegen, wenn es dem B-Plan entspricht (§ 60 Abs. 1 Nr. 1 ThürBO). Dazu hätte A aber zunächst den B-Plan prüfen und dann ihr Vorhaben unter Einreichung von Unterlagen mindestens anzeigen müssen.

Soweit anhand der jeweiligen Voraussetzungen festgestellt werden kann, dass das Bauvorhaben der Genehmigungsfreistellung unterliegt, ist eine entsprechende Anzeige unter Einreichung bestimmter Unterlagen zum Bauvorhaben bei der BABeh erforderlich. Welche Unterlagen hierzu gehören, ist der jeweiligen Landesbauordnung zu entnehmen.

§ 66 (Bautechnische Nachweise) BauOBln:

(1) Die Einhaltung der Anforderungen an die Standsicherheit, den Brand-, Schall- und Erschütterungsschutz sowie an die Energieeinsparung ist nach näherer Maßgabe der Verordnung auf Grund des § 86 Absatz 3 nachzuweisen (bautechnische Nachweise); dies gilt nicht für verfahrensfreie Bauvorhaben, einschließlich der Beseitigung von Anlagen, soweit nicht in diesem Gesetz oder in der Rechtsverordnung auf Grund des § 86 Absatz 3 anderes bestimmt ist. Die Bauvorlageberechtigung nach § 65 Absatz 2 Nummer 1, 2 und 4 schließt die Berechtigung zur Erstellung der bautechnischen Nachweise ein, soweit nicht nachfolgend Abweichendes bestimmt ist. Für die Bauvorlageberechtigung nach § 65 Absatz 7 gilt die Berechtigung zur Erstellung der bautechnischen Nachweise nur für die dort unter den Nummern 1 bis 3 genannten Vorhaben.

(2) Bei
   1. Gebäuden der Gebäudeklassen 1 bis 3,
   2. sonstigen baulichen Anlagen, die keine Gebäude sind,

   muss der Standsicherheitsnachweis von einer Person mit einem berufsqualifizierenden Hochschulabschluss eines Studiums der Fachrichtung Architektur, Hochbau oder des Bauingenieurwesens mit einer mindestens dreijährigen Berufserfahrung in der Tragwerksplanung erstellt sein, (…). Auch bei anderen Bauvorhaben darf der Standsicherheitsnachweis von einer Tragwerksplanerin oder einem Tragwerksplaner nach Satz 1 erstellt werden.

(3) Der Standsicherheitsnachweis muss bauaufsichtlich geprüft sein
   1. bei Gebäuden der Gebäudeklassen 4 und 5,
   2. wenn dies nach Maßgabe eines in der Rechtsverordnung nach § 86 Absatz 3 geregelten Kriterienkatalogs erforderlich ist, bei
      a) Gebäuden der Gebäudeklassen 1 bis 3,
      b) Behältern, Brücken, Stützmauern, Tribünen,
      c) sonstigen baulichen Anlagen, die keine Gebäude sind, mit einer Höhe von mehr als 10 Metern;

   das gilt nicht für Wohngebäude der Gebäudeklassen 1 und 2.

Berlin verlangt – nach unterschiedlichen Voraussetzungen – entweder den Nachweis der Standsicherheit durch einen Tragwerksplaner oder durch einen Prüfingenieur für Tragwerksplanung. Diese Regelung entspricht damit der Mehrheit der Landesbauordnungen.

Nach Eingang der Anzeige, die die jeweiligen Voraussetzungen der einschlägigen Landesbauordnung erfüllen muss, erfolgt sodann im Genehmigungsfreistellungsverfahren eine rein formale Prüfung nach folgendem Prüfungsschema:

- Sind die Bauvorlagen vollständig?
- Entspricht es den bauplanungsrechtlichen Festsetzungen?
- Ist die Erschließung des Vorhabens gesichert?
- Besteht eine hindernde Baulast?
- Ggf.: Sind in einem festgelegten Sanierungsgebiet, einem förmlich festgelegten städtebaulichen Entwicklungsbereich bzw. im Geltungsbereich einer sogenannten Erhaltungssatzung die für das Bauvorhaben erforderlichen Genehmigungen der Gemeinde beantragt worden?

Die Genehmigungsfreistellung ist verwaltungsrechtlich als Erlaubnis mit Verbotsvorbehalt ausgestaltet, d. h. es ist von einer gesetzlichen Erlaubnis auszugehen, es sei denn, die Behörde stellt fehlende Unterlagen und/oder die materielle Illegalität der Maßnahme fest und erteilt daraufhin ein Verbot (Untersagung).

In den einzelnen Bundesländern ist diese Erlaubnis mit Verbotsvorbehalt rechtlich unterschiedlich ausgestaltet. Folgende Konstruktionen existieren:

- Anzeigeverfahren mit Bestätigung (Nds., Saarland)
- Genehmigungsoption (MBauO, Bayern, Berlin, Bremen, Hessen, NRW, Rh.-Pf., Sachsen-Anhalt
- Untersagungsoption (Ba.-Wü., Brbg., Hmbg, Sachsen, Schl.-Holst., Thüringen, Meck.-Vorpommern)

Anzeigeverfahren mit Bestätigung

Das Bauvorhaben wird der Gemeinde (Nds.) bzw. der BABeh. (Saarland) angezeigt. Mit dem Bau kann begonnen werden, sobald die Behörde die Voraussetzungen für die Freistellung bestätigt (Bestätigung = Baufreigabe = Verwaltungsakt).

Genehmigungsoption

Die Gemeinde bzw. BABeh. entscheidet nach der Anzeige des Bauausführenden, ob eventuell die Durchführung eines Baugenehmigungsverfahrens erforderlich ist (Bei positiver Feststellung: Überführung in ein Genehmigungsverfahren = Verwaltungsakt).

Untersagungsoption

Das Bauvorhaben wird der Gemeinde bzw. der BABeh. angezeigt. Der Bauausführende darf mit dem Bau nach Ablauf einer im Gesetz bestimmten Frist nach Abgabe der Anzeige beginnen (1 Monat gemäß § 62 Abs. 3 LBauO Mecklenburg-Vorpommern, es sei denn die Gemeinde bzw. die BABeh. erteilt vorher eine Bestätigung der Genehmigungsfreiheit.

> **Tipp** Fällt das Bauvorhaben nicht mehr in den Bereich der verfahrensfreien Vorhaben, sollte zunächst geprüft werden, ob die Voraussetzungen der Genehmigungsfreistellung vorliegen (Zutreffende Gebäudeklasse, Übereinstimmung mit dem B-Plan, gesicherte Erschließung, etc.). Dies muss anhand der jeweiligen Norm der Landesbauordnung und ihrer spezifischen Voraussetzungen geprüft werden. Ist das Ergebnis positiv, so muss weiter geprüft werden, welche bautechnischen Nachweise der Behörde mit der Bauanzeige zu überreichen sind.

In Berlin existiert noch eine Besonderheit, die sich planungsrechtlicher Bescheid nennt und in § 75 Abs. 2 BauO Bln geregelt ist.

> § 75 Abs. 2:
>
> Für ein Bauvorhaben, welches dem vereinfachten Baugenehmigungsverfahren nach § 63 unterfällt, ist auf Antrag der Bauherrin oder des Bauherrn ein planungsrechtlicher Bescheid zu erteilen. Das Vorhaben wird in die Genehmigungsfreistellung nach § 62 übergeleitet, wenn durch diesen Bescheid insgesamt die planungsrechtliche Zulässigkeit des Vorhabens festgestellt worden ist. Absatz 1 Satz 2 bis 4 gilt sinngemäß.

Beispiel 16

A hat in Berlin-Wedding ein Hausgrundstück geerbt. Dieses ist „locker" bebaut, d. h. neben der Randbebauung zur Straße ist auf dem rückwärtigen Teil des Grundstücks eine große, etwa 1 ha große Grünfläche. Diese liegt vollständig eingerahmt durch die jeweilige Straßenrandbebauung an allen vier Seiten. A möchte nunmehr in diesem Innenbereich ein „Gartenhaus" errichten mit ebenfalls 5 Stockwerken (dies entspricht der Umgebungsbebauung).

Für dieses Geviert existiert ein qualifizierter B-Plan von 1960. Zur Art der Nutzung sagt er „Wohnen" aus, das Maß der Nutzung wird von dem vorgesehenen Bauwerk leicht überschritten. ◀

Das Vorhaben der A ist ein Gebäude der Gebäudeklasse 5. In Berlin sind sogar Gebäude der Gebäudeklasse 5 dem Genehmigungsfreistellungsverfahren unterworfen. Allerdings verstößt das Gebäude beim Maß der baulichen Nutzung gegen die Festsetzungen des B-Plans, so dass eine Voraussetzung für das Genehmigungsfreistellungsverfahren nicht erfüllt wird. Um dennoch ein aufwändigeres Verfahren zu vermeiden, bietet Berlin den Erlass eines so genannten planungsrechtlichen Bescheids an.

A benötigt daher einen solchen „planungsrechtlichen Bescheid", damit ihr Bauvorhaben in das Genehmigungsfreistellungsverfahren (zurück-)überführt werden kann.

Dieser planungsrechtliche Bescheid wird erteilt, wenn beim Maß der baulichen Nutzung eine Befreiung nach § 31 Abs. 2 BauGB ausgesprochen werden kann. In Betracht käme dabei § 31 Abs. 2 Nr. 1 BauGB. Gründe des Wohls der Allgemeinheit könnte die erhebliche Wohnungsknappheit in Berlin sein.

3.1.3 Vereinfachtes Verfahren

Das vereinfachte Baugenehmigungsverfahren ist bereits ein Genehmigungsverfahren, d. h. auf den Antrag des Bauausführenden erfolgt ein Bescheid, der im Unterschied zum klassischen Baugenehmigungsverfahren jedoch nur eine eingeschränkte Bestandskraft entfaltet.

Der Anwendungsbereich des vereinfachten Baugenehmigungsverfahrens erstreckt sich im Regelfall auf die Katalogbauwerke (siehe § 63 MBO), die keine Sonderbauten sind. Regelmäßig anwendbar ist das vereinfachte Genehmigungsverfahren bei Wohnbauten und Gebäuden der Gebäudeklassen 1 – max. 3 in allen Landesbauordnungen. Darüber hinaus anwendbar bei allen Bauvorhaben, die keine Sonderbauten sind, unabhängig von der Gebäudeklasse (Bsp. Berlin).

3.1.4 Baugenehmigungsverfahren

Dabei handelt es sich um die klassischen Baugenehmigungsverfahren, bei dem die Bauausführung erst nach der Erteilung einer Baugenehmigung und dessen Unanfechtbarkeit begonnen werden darf.

Es betrifft in allen Bundesländern die Sonderbauten sowie sehr häufig Wohngebäude mit einer größeren Gebäudeklasse als 2 (Brdbg.) oder 3.

Die BABeh prüft präventiv alle bauplanungs- und bauordnungsrechtlichen Gesichtspunkte, die das Bauvorhaben erfüllen muss.

Der Bauausführende erhält bei positivem Ausgang der Prüfung (dem Vorhaben stehen keine öffentlich-rechtlichen Vorschriften entgegen) eine Baugenehmigung. Bei der Baugenehmigung handelt es sich um einen Verwaltungsakt mit einer umfangreichen Rechtsnatur.

Die Baugenehmigung ist:

- formbedürftig. Eine Baugenehmigung erfolgt stets schriftlich.
- mitwirkungsbedürftig. Eine Baugenehmigung erfolgt nur auf Antrag.
- dinglich. Eine Baugenehmigung befasst sich mit dem zu errichtenden Bauwerk.
- doppelwirkend. Eine Baugenehmigung gestaltet das Verhältnis zwischen Bauausführendem, Gemeinde und Nachbarn.
- gestaltend. Eine Baugenehmigung erlaubt den Bau.
- gebunden. Eine Baugenehmigung ist zu erteilen, wenn dem Bau keine öffentlich-rechtlichen Vorschriften entgegenstehen. Es besteht ein Rechtsanspruch auf die Erteilung, es sei denn, es werden Ausnahmen und Befreiungen beantragt. In diesem Fall besteht nur ein Anspruch auf ermessensfehlerfreie Bescheidung.

Mit Erteilung der Baugenehmigung ist der Bauausführende umfänglich abgesichert. Sein Bauwerk genießt nach der Errichtung grundsätzlichen Bestandsschutz zum einen gegen sich künftig ändernde Bauvorschriften und zum anderen gegen eine möglicherweise fehlerhafte Erteilung der Genehmigung. Im letzteren Fall bleiben der Behörde nur die sehr eingeschränkten Möglichkeiten der Rücknahme eines rechtswidrigen begünstigenden Verwaltungsaktes nach § 48 Abs. 1 Satz 2 i.V.m § 48 Abs. 3 Verwaltungsverfahrensgesetz (VwVfG).

Beispiel 17

A beantragt den Einbau von Dachflächenfenstern in seinem unter Denkmalschutz stehenden Einfamilienhaus bei der unteren Denkmalschutzbehörde (D). Bauordnungsrechtlich ist der Einbau von Dachflächenfenstern regelmäßig verfahrensfrei. D erteilt ihm die Genehmigung hierfür und A baut die Fenster unverzüglich ein. Wenige Wochen später bemerkt D, dass die Genehmigung rechtswidrig erteilt wurde und hört A zunächst nach § 28 VwVfG an. Dieser teilt mit, dass er im Vertrauen auf die Genehmigung den Einbau bereits vorgenommen habe. ◀

Die D kann die Genehmigung nur unter den Voraussetzungen des § 48 Abs. 3 VwVfg zurücknehmen. Danach muss sie abwägen, ob das Vertrauen des A schutzwürdiger ist als das öffentlichen Interesse am Denkmalschutz. Darüber hinaus muss sie gemäß § 48 Ab. 4 VwVfG innerhalb eines Jahres nach Bekanntwerden der Rechtswidrigkeit handeln, die Genehmigung widerrufen und die Herstellung des ursprünglichen Zustands verlangen. Tut sie dies nicht, kommt eine Rücknahme danach nicht mehr in Betracht.

3.2 Materielles Bauordnungsrecht

Materiell-rechtlich geht es im Bauordnungsrecht vorwiegend um Fragen des Brandschutzes, der Abstandsflächen, der Standsicherheit etc., aber auch alle sonstigen Vorschriften, die Regelungen für die Bauausführung enthalten.

Beispielsweise zählen nach § 2 Abs. 17 der Niedersächsischen Bauordnung (NBauO) zum öffentlichen Baurecht die Vorschriften der NBauO, die Vorschriften aufgrund dieses Gesetzes, das städtebauliche Planungsrecht und die sonstigen Vorschriften des öffentlichen Rechts, die Anforderungen an bauliche Anlagen, Bauprodukte oder Baumaßnahmen stellen oder die Bebaubarkeit von Grundstücken regeln.

Die Bautätigkeit hat darüber hinaus ein sehr umfangreiches Baunebenrecht einzuhalten. Damit gemeint sind Fachgesetze, aus denen sich weitere Vorgaben für die Errichtung, das Betreiben oder die Beseitigung einer baulichen Anlage ergeben können. Beispielhaft erwähnt seien insoweit nur die Vorschriften des Denkmalschutz-, des Umwelt-, des Gewerbe- oder auch des Arbeitsschutzrechts. Deren Einhaltung wird als „öffentliches Baurecht" gem. § 2 Abs. 17 NBauO zum Teil durch die Bauaufsicht, insbesondere auch im Baugenehmigungsverfahren, überwacht (Große-Suchsdorf/Burzynska/Tepperwien, 10. Aufl. 2020, NBauO Vorbemerkungen Rn. 34). Zwar gehören Verwaltungsvorschriften und Erlasse ebenso wie DIN-Normen oder Empfehlungen privatrechtlicher Vereinigungen juristisch nicht zum Baunebenrecht, weil sie keine Rechtsnormqualität besitzen. Für Bauausführende können sie aber ebenso wichtig sein wie die echten Rechtsvorschriften, weil die öffentliche Verwaltung die Erlasse und Verwaltungsvorschriften in der gleichen Weise anwendet wie echte Normen. (Schmidt-Eichstaedt/Löhr: Das Baunebenrecht, DÖV 2004, S. 282).

3.2.1 Begriffsbestimmungen (bauliche Anlagen, Grundstück, Gebäude etc.)

Die Landesbauordnungen definieren eine Fülle für das Bauen wichtiger Begriffe, von denen nachstehend einige erläutert werden.

Bauliche Anlage

§ 2 Abs. 1 MBO definiert den Begriff der baulichen Anlage, den die Landesbauordnungen so auch unverändert übernommen haben.

Danach ist eine bauliche Anlage eine Anlage, die mit dem Erdboden verbunden und aus Bauprodukten hergestellt ist. Darunter fallen folglich nicht nur Gebäude, sondern bspw. auch Werbeanlagen, Windräder, Photovoltaikanlagen und andere bauliche Anlagen. § 2 Abs. 1, Satz 2 MBO zählt beispielhaft auf, was noch als bauliche Anlage gilt. Auch dies haben die meisten Landesbauordnungen so übernommen.

Beispiel 18

A möchte für sein unweit der Autobahn befindliches Hotel mit Restaurant werben. Er fragt den mit ihm befreundeten Landwirt L, ob er auf dessen Acker neben der Autobahn und kurz vor der Ausfahrtstelle zu seinem Hotel einen alten Lkw mit einem großen Werbeplakat hinstellen darf, was L genehmigt. Daraufhin stellt A dort den alten Lkw auf. Kurze Zeit später bekommt er Post von der BABe, die ihn auffordert, den Lkw unter Fristsetzung zu entfernen, da Werbeanlagen im Außenbereich an dieser Stelle nicht zulässig seien. A erwidert, er betreibe gar keine bauliche Anlage. ◀

Die Auffassung des A ist unzutreffend. Bei dem Lkw handelt es sich um eine bauliche Anlage im Außenbereich zu Werbezwecken.

Nach § 2 Abs. 1, 2. Halbsatz MBO besteht eine Verbindung mit dem Boden auch dann, wenn die Anlage durch eigene Schwere auf dem Boden ruht oder auf ortsfesten Bahnen begrenzt beweglich ist oder wenn die Anlage nach ihrem Verwendungszweck dazu bestimmt ist, überwiegend ortsfest benutzt zu werden.

Dies ist bei dem Lkw des A der Fall. Die vorstehend genannte Klausel gilt auch als Lockerungsklausel, um den Begriff der Verbundenheit mit dem Erdboden zu erweitern. Der Lkw ist hierbei aufgrund eigener Schwere mit dem Erdboden verbunden. Das alleine würde aber noch nicht ausreichen, den Lkw zur baulichen Anlage zu machen. Grundsätzlich ist ein Lkw beweglich. Im konkreten Fall soll er aber nicht mehr bewegt werden, vielmehr soll er „ortsfest“ für das Hotel des A werben.

Beispiel 19

A hat ein Haus mit Garten. Den Holzschnitt möchte er zum Wertstoffhof bringen und mietet sich deshalb beim Baumarkt einen Anhänger, der die Werbeaufschrift des Baumarktes trägt. Nach dem der Holzschnitt beseitigt ist, verlängert A die Mietzeit um mehrere Wochen, weil er auch noch sein Haus und das seines Nachbarn entrümpeln möchte, weshalb der Anhänger über Wochen vor dem Haus des A steht. Das bringt die BABe auf den Plan, die A auffordert, den Anhänger als bauliche Anlage zu beseitigen, weil Werbeanlagen vor dem Haus des A unzulässig sind. ◀

Hier liegt keine bauliche Anlage vor, denn anders als im Beispiel 18 ist eine Ortsfestigkeit des Anhängers nicht beabsichtigt. Vielleicht verstößt ein wochenlanges Abstellen eines Anhängers ohne Zugfahrzeug gegen den straßenrechtlichen Gemeingebrauch, baurechtlich wird er damit aber nicht zur baulichen Anlage. Darüber hinaus wirbt der Anhänger auch nicht für den A.

Beispiel 20

A ist großer Eisenbahnliebhaber und hat sich eine ausrangierte Dampflok gekauft. Diese lässt er mit einem Tieflader zu seinem Grundstück bringen und stellt sie dort im Vorgarten auf. Da er einen sehr großen Garten hat, verlegt er auch gleich noch 40 m Gleis, auf dem er die Dampflok betriebsfähig hält und ab und zu einmal bewegt. Die BABeh staunt nicht schlecht, greift dann aber mit einer Beseitigungsverfügung ein und verlangt die Entfernung der Lokomotive. ◀

Auch hier handelt es sich um eine bauliche Anlage. Zwar ist und bleibt die Lokomotive beweglich, jedoch ruht sie durch eigene Schwere auf dem Boden und wird nur in ortsfesten Bahnen begrenzt bewegt. Auch diesen möglichen Sachverhalt haben die Landesbauordnungen erkannt und ihn dem Begriff der baulichen Anlage zugeordnet.

Beispiel 21

A erwirbt vom Insolvenzverwalter ein Baugrundstück. Die vormalige Eigentümerin wurde insolvent, nachdem die Baugrube ausgehoben war. Die BABe hat ihr noch erfolgreich aufgegeben, das Aushubmaterial zu verdichten und so aufzuschütten, dass es nicht von der Witterung angegriffen und fortgespült werden kann. Unmittelbar nach dem Erwerb macht sich A an die Arbeit. Sie bestellt einen Abfuhrunternehmer, der das Aushubmaterial beseitigen soll. Das bleibt der BABe nicht verborgen, die einen Baustopp mit Sofortvollzug erlässt, da A nicht im Besitz einer Abrissgenehmigung für diese bauliche Anlage ist. ◀

Tatsächlich werden in allen Landesbauordnungen explizit auch Aufschüttungen zu den baulichen Anlagen gezählt. Allerdings müssen diese die notwendige Verbundenheit mit dem Erdboden aufweisen, was nicht immer gegeben ist. Im vorliegenden Fall wurde das Aushubmaterial jedoch verdichtet und so angeordnet, dass es eine feste Verbindung mit dem Erdboden ausweist.

Grundstück
Der Anwendungsbereich aller Landesbauordnungen umfasst auch Grundstücke. Der bauordnungsrechtliche Begriff des Grundstücks ist dabei nicht gesetzlich definiert. Zunächst einmal umfasst der bauordnungsrechtliche Grundstücksbegriff das Buchgrundstück, also das im Bestandsverzeichnis des Grundbuchs unter einer eigenen Nummer aufgeführte Grundstück. Nicht zum bauordnungsrechtlichen Grundstücksbegriff zählt das Grundstück im wirtschaftlichen Sinne.

Beispiel 22

A ist Eigentümerin zweier benachbarter Grundstücke, für die jeweils eine eigene Nummer in den Bestandsverzeichnissen der Grundbücher angelegt ist. Sie möchte jetzt ein Haus bauen, welches über die Grundstücksgrenze der beiden Grundstücke hinausgeht. Die BABeh verweigert die erforderliche Baugenehmigung, da im B-Plan offene Bauweise vorgeschrieben ist, die Häuser also auf den Grundstücken jeweils mit Abstandsflächen zueinander zu errichten sind. A verweist darauf, dass ihr ja beide Grundstücke gehören. ◀

Es trifft zu, dass A Eigentümerin beider aneinandergrenzenden Grundstücke ist. Das muss aber nicht immer so bleiben. So könnte sich A entschließen, eines der Grundstücke zu verkaufen. Das einzelne Buchgrundstück ist zugleich das Baugrundstück im bauordnungsrechtlichen Sinne. A hat jedoch die Möglichkeit, die beiden ihr gehörenden Grundstücke grundbuchrechtlich zu vereinigen. Dann existiert nur noch ein Buchgrundstück (=Baugrundstück) und die beabsichtigte Bebauung ist unter Wahrung der Abstandsflächen dann zulässig.

Eine weitere Möglichkeit wäre, dass die Baugenehmigung unter einer Auflage erteilt wird. Diese könnte beispielsweise die Verpflichtung enthalten, beide Grundstücke zu vereinigen.

Gebäude

Nach § 2 Abs. 2 MBO sind Gebäude selbstständig benutzbare, überdeckte bauliche Anlagen, die von Menschen betreten werden können und geeignet oder bestimmt sind, dem Schutz von Menschen, Tieren oder Sachen zu dienen.

Damit wird das klassische Gebäude als mit dem Erdboden fest verbunden ebenso umfasst wie andere Gegenstände, die im allgemeinen Sprachgebrauch nicht unter ein Gebäude fallen würden, wie bspw. Wohnwagen, Container, öffentliche WCs etc. Entscheidend ist damit auch hier nicht die Verbindung mit dem Erdboden, sondern der Nutzungszweck.

Beispiel 23

Peter Lustig aus der Kindersendung „Löwenzahn" lebt in einem zu Wohnzwecken umgebauten Bauwagen. Obwohl der Bauwagen noch immer auf Rädern steht, ist er dennoch ortsfest, weil er Peter Lustig als Wohnung dient. Er erfüllt folglich alle Eigenschaften eines Gebäudes im Sinne der MBO. Er kann von Menschen betreten werden und dient auch dem Schutz von Menschen, Tieren und Sachen. ◀

Selbstständige Benutzbarkeit

Ein Gebäude muss ohne Einbeziehung von Bauteilen, die zugleich anderen Anlagen dienen, benutzbar sein. Erforderlich ist, dass das Gebäude jedenfalls tatsächlich unabhängig von sonstigen baulichen Anlagen genutzt werden kann (BVerwG, NVwZ 1996, 787/788).

Beispiel 24

A und B bauen ein „Doppelhaus" auf einem, ihnen beiden gehörenden Grundstück. Dieses „Doppelhaus" wird durch ein gemeinsames Treppenhaus verbunden, über welches die Wohnungen in den jeweiligen „Doppelhaushälften" erschlossen werden. ◀

Für beide Hälften gilt eine selbstständige Benutzbarkeit. Der bloße bauliche Zusammenhang des Treppenhauses mit mehreren baulichen Anlagen steht dem nicht entgegen.

Überdeckung

Zu einem Gebäude gehört eine Überdeckung bzw. ein Dach. Ohne Dach kein Gebäude.

Ein Gebäude kann seine Funktion als Gebäude auch wieder verlieren, wenn es sein Dach einbüßt. ◄

Beispiel 25

Ein alter verlassener Bauernhof verliert bei einem Gewittersturm sein Dach. Da das Gebäude herrenlos ist, ist eine Wiedererrichtung des Daches in absehbarer Zeit nicht wahrscheinlich. Nachdem die Eigentumsverhältnisse geklärt sind und die öffentliche Hand als Erbin feststeht, verkauft sie diesen Bauernhof an A. A will dort wieder Landwirtschaft betreiben, den Bauernhof sanieren und das Gebäude mit einem neuen Dach versehen. Daraufhin teilt ihm die BABeh mit, für die Nutzung als Hofgebäude sei eine Baugenehmigung im vereinfachten Baugenehmigungsverfahren erforderlich. A wendet ein, das Gebäude genieße Bestandsschutz und sei von der ursprünglichen Baugenehmigung gedeckt. ◄

Die Auffassung von A ist unzutreffend. Das Gebäude genießt, wenn es einmal legal errichtet wurde auch dann Bestandsschutz, wenn sich seine Umgebung verändert (bspw. durch einen neuen B-Plan). Der Bestandsschutz ist jedoch an die Gebäudeeigenschaft geknüpft. Fällt diese weg, entfällt damit auch der Bestandsschutz und die Genehmigungsfrage stellt sich neu. Da das Dach aber wesentlich ist für ein Gebäude, entfällt die Gebäudeeigenschaft jedenfalls dann, wenn nach dem Einsturz des Daches in absehbarer Zeit nicht mit seiner Wiedererrichtung zu rechnen ist. Das Gebäude wird dann zur Ruine. Es erfüllt nicht mehr die Eigenschaft, Menschen, Tieren oder Sachen zu schützen.

Betretbarkeit
Ein Gebäude muss darüber hinaus betretbar sein. Diese an sich selbstverständlich klingende Eigenschaft ist fast immer gegeben.

Beispiel 26

Auf dem Truppenübungsplatz T befinden sich mehrere Häuser mit Fensteröffnungen, ein Treppenhaus und Wohnungseingangstüren sind jedoch nicht vorhanden, da die Gebäude dem Militär und Polizeieinheiten nur zur Übung für den Häuserkampf bzw. der Befreiung von Geiseln dienen. ◄

Tatsächlich fehlt diesen Bauwerken die Betretbarkeit. Sie sind damit – obwohl ihre äußere Form alle Merkmale eines Gebäudes erfüllt – keine Gebäude im bauordnungsrechtlichen Sinn.

Beispiel 27

Die Kinder A, B und C haben ein Baumhaus gebaut. Es kann über eine Strickleiter betreten werden, wobei selbst A, B und C nicht aufrecht in das Baumhaus gelangen und sich auch nicht aufrecht dort drinnen bewegen können. ◀

Obwohl das Baumhaus ein Dach hat und es damit dem Schutz von Menschen dient, fehlt ihm die für ein Gebäude notwendige Betretbarkeit. Diese ist dadurch definiert, dass man das Gebäude als Erwachsener aufrecht betreten und sich aufrecht dort aufhalten können muss (VGH München, BayVBl. 1973, 641). Aufrechter Aufenthalt erfordert im Regelfall eine lichte Raumhöhe von wenigstens 2 m. Weniger als 2 m lichte Raumhöhe wird nur akzeptiert bei Gebäuden aus früherer Zeit (Bsp.: Altstadt von Quedlinburg). Diese Gebäude entsprachen dem damaligen Standard und können auch nicht angepasst werden.

3.2.2 Generalklausel in den LBOen

Alle Landesbauordnungen enthalten in § 3 sogenannte Generalklauseln. Beispielhaft sei hier zunächst die Generalklausel der MBO angeführt:

> „Anlagen sind so anzuordnen, zu errichten, zu ändern und instand zu halten, dass die öffentliche Sicherheit und Ordnung, insbesondere Leben, Gesundheit und die natürlichen Lebensgrundlagen, nicht gefährdet werden; dabei sind die Grundanforderungen an Bauwerke gemäß Anhang I der Verordnung (EU) Nr. 305/2011 zu berücksichtigen. Dies gilt auch für die Beseitigung von Anlagen und bei der Änderung ihrer Nutzung".

Die Generalklausel ist ein Auffangtatbestand und erst anzuwenden, soweit nicht speziellere Vorschriften für einzelne Aspekte der Bauerrichtung oder -instandhaltung in Betracht kommen. Dies sind bspw. die Normen über den Brandschutz oder die Dimensionierung einzelner Bauteile (Treppen, Wände, etc.).

Die Generalklausel dient der Gefahrenabwehr und zwar der Abwehr aller denkbaren abstrakten Gefahren. Schutzgüter der Generalklausel sind dabei alle bauordnungsrechtlichen Aspekte.

Dabei geht es auch um die absoluten Rechtsgüter des Lebens, der Gesundheit, der körperlichen Unversehrtheit, der Ehre, der Freiheit und des Eigentums, aber auch um kollektive Rechtsgüter wie die Unversehrtheit der staatlichen Rechtsordnung oder der Schutz staatlicher Einrichtungen.

Sie spielt bei der Errichtung, der (Nutzungs-)änderung und der Instandhaltung eine Rolle. Ist das Bauwerk genehmigungspflichtig, ist die Einhaltung der Generalklausel im Genehmigungsverfahren zu prüfen und ggf. durch Auflagen und Nebenbestimmungen zu sichern.

Ist das Bauwerk nicht genehmigungspflichtig (verfahrensfreie Vorhaben oder Vorhaben, die der Genehmigungsfreistellung unterliegen), ist die Einhaltung der Anforderungen aus der Generalklausel Aufgabe des Bauerrichtenden.

Beispiel 28

A errichtet ein Wochenendhaus, wobei er eine leiterartige Treppe mit Stufen, die nur eine Auftrittsfläche von 5 cm haben vom Erdgeschoss ins Dachgeschoss einbaut. Das Vorhaben entspricht dem B-Plan, es ist als Gebäude der Gebäudeklasse 2 dem Genehmigungsfreistellungsverfahren unterworfen. ◀

Auch im Genehmigungsfreistellungsverfahren muss das gesamte materiellrechtliche bauplanungs- und bauordnungsrechtliche Regelwerk beachtet werden. Bevor hier die Generalklausel der jeweiligen Landesbauordnung bemüht wird, ist zunächst zu untersuchen, ob für den zu beurteilenden Fall eine Spezialvorschrift eingreift. Hier kommt zunächst § 34 MBO in Betracht, der sich mit den baulichen Anforderungen an Treppen auseinandersetzt. Tatsächlich enthält § 34 MBO keine konkreten Anforderungen an die Mindesttiefe von Treppenstufen bzw. an die Neigung einer Treppe. Zu steile Treppen mit zu geringen Auftrittsflächen müssen daher – soweit die konkret anzuwendende Landesbauordnung keine Aussage trifft – über die Generalklausel gelöst werden. Da zu steile Treppen mit zu kleinen Stufen ohne weiteres Leben und körperliche Unversehrtheit der Benutzer gefährden, kann die BABeh hier spätestens über die Generalklausel Abhilfe verlangen.

Aber auch nach der Errichtung eines Bauwerks beansprucht die Generalklausel Geltung für Änderungen oder auch für die Instandhaltung.

Beispiel 29

A beantragt bei der BABeh die Nutzungsänderung des Erdgeschosses seines Hauses in Hildesheim für den Betrieb einer Gaststätte. Bislang waren dort zwei Wohnungen genehmigt. An der sehr schmalen einflügeligen und nach innen öffnenden Hauseingangstür möchte er nichts ändern. ◀

Bezüglich der Anforderungen an Hauseingangstüren ist zunächst zu prüfen, ob speziellere Normen infrage kommen, hier § 37 MBO. Diese Norm enthält jedoch keine konkrete Aussage zur Türbreite und Öffnung einer Hauseingangstür, die auch den Zutritt zu einer Gaststätte gewährleistet. Auch über die Norm des § 33 MBO (Rettungswege) lässt sich keine verbindliche Aussage hierzu entnehmen. In Betracht kommt hier allerdings noch das sogenannte Sonderbaurecht, d. h. eine Verordnung auf der Grundlage der jeweiligen Landesbauordnung. Zu denken ist dabei an die Versammlungsstättenverordnungen der einzelnen Bundesländer. Da das Bauvorhaben in Hildesheim liegt, ist die Niedersächsische Versammlungsstättenverordnung (NVStättVO) einschlägig. Danach sind auch Schank- und Speisewirtschaften Versammlungsstätten (§ 2 Abs. 1 NVStättVO). § 9 Abs. 3 Satz 1 NVStättVO) verlangt zumindest, dass Türen in Rettungswegen in Fluchtrichtung aufschlagen müssen und keine Schwellen haben dürfen. Die Hauseingangstür ist eine Tür im Rettungsweg, sie muss nach außen aufschlagen. Zur Breite lässt sich aber auch der NVStättVO nichts entnehmen, sodass zu diesem Aspekt die Generalklausel heranzuziehen ist. Abhängig von der Größe der Gaststätte und dem damit verbundenen Publikumsverkehr ist die Breite der Hauseingangstür zu bestimmen.

Auch bei der Instandhaltung von Bauwerken findet die Generalklausel Anwendung.

Beispiel 30

A befestigt an seinem Haus ein Transparent mit der Aufschrift: „Alle Grundeigentümer sind Diebe am Volksvermögen". Dies stört seinen Vermieter B, der sich beleidigt fühlt. ◄

Zwar dürfte das Transparent strafrechtlich ohne Folgen bleiben, weil eine individualisierte Beleidigung nicht bestehen dürfte, jedoch kann B von der BABeh das Einschreiten unter bauordnungsrechtlichen Gesichtspunkten verlangen. Von der Generalklausel geschützt wird zunächst die öffentliche Sicherheit. Bestandteil dieser öffentlichen Sicherheit ist der Schutz der oben angeführten absoluten Rechtsgüter des Einzelnen. Neben der Ehre des B, die möglicherweise nicht verletzt ist, kommt auch sein absolutes Recht des Eigentums hier zum Tragen. B könnte verlangen, dass sein Eigentum durch Dritte nicht beschädigt wird. Die BABeh könnte hierbei auch von A die Beseitigung der Verunstaltung verlangen. Die Generalklausel ist Polizeirecht. Im Polizeirecht kann die Abwehr von Gefahren vom Störer verlangt werden. Neben dem Zustandsstörer (B als Hauseigentümer, an dessen Haus das Transparent hängt) kommt dabei vor allem der Handlungsstörer (A als Veranlasser des Transparents und der Anbringung an der Fassade) in Betracht.

Tatsächlich dürfte im vorliegenden Fall auch eine Eigentumsverletzung nicht vorliegen, da die Substanz des Eigentums durch das Transparent nicht beeinträchtigt wird.

Neben der öffentlichen Sicherheit schützen die Generalklauseln aber auch die öffentliche Ordnung. Zur öffentlichen Ordnung gehören alle ungeschriebenen Verhaltensregeln, deren Befolgung nach den jeweils herrschenden gesellschaftlichen Auffassungen für ein gedeihliches Zusammenleben unabdingbar ist (BVerfGE 69, 315/352). Wenn man zu der Überzeugung kommt, dass ein Transparent im öffentlichen Raum, mit dem eine bestimmte Bevölkerungsgruppe pauschal und entgegen grundgesetzlichen Wertungen herabgewürdigt wird, das gedeihliche Zusammenleben erheblich beeinträchtigt, dann ist die öffentliche Ordnung gefährdet und die BABeh kann einschreiten. Beim Einschreiten wird sie den Handlungsstörer regelmäßig vor dem Zustandsstörer in Anspruch nehmen und gegen A einschreiten.

Beispiel 31

Auf dem Dach des Hauses von A haben sich nach einem schweren Sturm mehrere Ziegel gelockert und sind herabgefallen. Ihr weiterer Sturz auf den Gehweg wird nur noch durch die Dachrinne verhindert, die sich aber selbst schon erheblich durchbiegt. ◀

Hier kann (und muss) die BABeh eingreifen, denn hier besteht eine unmittelbare und konkrete Gefährdung absoluter Rechtsgüter der Passanten, die den Gehweg vor dem Haus benutzen. Die BABeh wird als erstes – vermutlich durch Selbstvornahme – den Gehweg absperren und sodann den A auffordern, die gelockerten Ziegel zu entfernen und die Dachrinne wieder in einen ordnungsgemäßen Zustand zu versetzen.

3.2.3 Abstandsflächen

Gebäude oder gebäudegleiche Bauwerke sollen – soweit das Bauplanungsrecht keine geschlossene Bauweise vorsieht, mit ausreichendem Abstand zueinander errichtet werden. Sinn und Zweck des Abstandsflächenrechts ist es, gesunde Wohn- und Arbeitsverhältnisse durch eine ausreichende Belichtung und Belüftung zu gewährleisten. Darüber hinaus dient das Abstandsflächenrecht dem

Brandschutz und es ist zugleich eine Ausprägung des Rücksichtnahmegebots im öffentlichen Baurecht (Sozialabstand).

Inhalt

Das Abstandsflächenrecht regelt folgende Sachverhalte:

- Das Maß des Abstands vor den Außenwänden von Gebäuden oder gebäudegleichen Bauwerken,
- die Lage der Abstandsflächen, die auf dem Baugrundstück liegen müssen und sich grundsätzlich nicht überdecken dürfen,
- die Bemessung der Größe, die sich an der Höhe des Gebäudes bzw. des gebäudegleichen Bauwerks orientiert,
- Privilegierungen, wie das Schmalseitenprivileg und Bauwerke, die innerhalb der Abstandsflächen errichtet werden dürfen und keine eigenen Abstandsflächen benötigen.

Verhältnis zum Bauplanungsrecht

Sowohl das Bauordnungsrecht als auch das Bauplanungsrecht befassen sich mit den Abstandsflächen, wobei das Bauplanungsrecht die Vorgabe hat, eine geordnete städtebauliche Entwicklung sicherzustellen und damit ein Allgemeininteresse verfolgt. Demgegenüber gewährt das bauordnungsrechtliche Abstandsflächenrecht den Bürgern subjektive öffentliche Rechte, da es deren Schutz dient. Wie oben bereits angeführt, dienen die Abstandsflächen auch der ausreichenden Belichtung und Belüftung und damit individuellen Interessen an gesunden Wohn- und Arbeitsverhältnissen.

Gebäude und gebäudegleiche Bauwerke

Alle Landesbauordnungen verlangen, dass vor den Außenwänden von Gebäuden Abstandsflächen einzuhalten sind, die auf das Baugrundstück fallen müssen und die sich grundsätzlich nicht überdecken dürfen. Damit gelten die Abstandsflächen zunächst einmal nur für Gebäude und nicht für jedes Bauwerk schlechthin.

Darüber hinaus betreffen die Abstandsflächen nur oberirdische Gebäude. Bunkeranlagen oder Tiefgaragen benötigen damit keine Abstandsflächen. Sobald aber ein solches Bauwerk über die Geländeoberfläche hinausragt, löst es Abstandsflächen aus.

Bauwerke mit gebäudegleicher Wirkung
Hierbei handelt es sich um die in den meisten Landesbauordnungen genannten „anderen baulichen Anlagen", die eine selbstständige Funktion haben. Unselbstständige Teile von Gebäuden fallen also nicht darunter (Gaube, Erker, etc.).

Beispiel 32

A errichtet auf seinem Grundstück ein Mehrfamilienhaus in offener Bauweise. Er hält exakt die erforderliche Abstandsfläche zu seinem Nachbarn B ein, d. h. die Außenkante der Abstandsfläche ist zugleich die Grundstücksgrenze. Allerdings liegt der Hauseingang oberhalb der Geländeoberfläche, weil A ein Souterrain gebaut hat. Deswegen muss A eine Zuwegung errichten, die unmittelbar an der Grundstücksgrenze verläuft und bis 1,45 m oberhalb der Geländeoberfläche des Nachbargrundstücks verläuft. A muss daher eine bis zu 1,45 m hohe Stützwand errichten. B wirft ihm vor, dass die Stützwand keine Abstandsfläche einhält. A ist der Meinung, dies sei ja kein Gebäude. ◀

Die Stützwand könnte eine andere bauliche Anlage sein, von der eine gebäudegleiche Wirkung ausgeht. Die Frage der gebäudegleichen Wirkung orientiert sich an den Zielsetzungen des Abstandsflächenrechts. Davon ausgehend soll die Brandsicherheit geschützt werden, aber auch ausreichende Belichtung und Belüftung und nicht zuletzt ein ausreichender Sozialabstand gegenüber den angrenzenden Grundstücken gewährleistet werden (OVG Berlin-Brandenburg, Beschluss vom 18.07.2018, OVG 10 S 68.17, OVG Münster, BauR 1996, 835, 836). In der zitierten Entscheidung des OVG Berlin-Brandenburg werden klare Maßstäbe definiert, ab denen eine gebäudegleiche Wirkung angenommen werden kann. Danach kommt eine solche gebäudegleiche Wirkung Bauwerken aus undurchsichtigem Material (Stützwand) regelmäßig erst ab einer Höhe von 2 m zu, unterhalb einer Höhe von 1,50 m hingegen regelmäßig nicht. In dem Zwischenbereich von 1,50 m bis 2,00 m hängt die Beurteilung einer gebäudegleichen Wirkung von der Beurteilung des Einzelfalls ab. Ferner spielt der Abstand zur Grundstücksgrenze eine ebenfalls zu berücksichtigende Rolle. Da die Stützwand im Maximum um 1,45 m oberhalb der Geländeoberfläche des Nachbargrundstücks liegt, ist hier eine gebäudegleiche Wirkung abzulehnen.

3.2.4 Erschließung

Grundstücke müssen im Sinne von § 30 Abs. 1 BauGB erschlossen sein. Erschließung im Sinne von § 30 Abs. 1 BauGB ist folglich grundstücksbezogen. Sie umfasst regelmäßig den Anschluss an das öffentliche Straßennetz, die Versorgung mit Strom und Wasser und die Abwasserbeseitigung (Battis/Krautzberger/Löhr, BauGB, 14. Aufl. 2019, § 30, Rn. 21).

Beispiel 33

A möchte auf seinem Grundstück ein Einfamilienhaus errichten. Das Grundstück hat keinen Zugang zu einer öffentlichen Straße. A stellt einen Bauantrag im vereinfachten Genehmigungsverfahren und teilt mit, dass ihm sein Nachbar B eine Grunddienstbarkeit als Geh-, Fahr- und Leitungsrecht einräumen werde. Dies sei bislang aber noch nicht geschehen. Die BABeh lehnt die beantragte Baugenehmigung unter Hinweis auf die fehlende Erschließung und damit ein fehlendes Sachbescheidungsinteresse ab. ◀

Grundsätzlich ist der Ablehnungsbescheid rechtmäßig, denn die Erschließung des Baugrundstücks ist eine zentrale Frage der Genehmigungsfähigkeit. A kann sein Grundstück weder zu Fuß, noch mit dem Kfz erreichen. Auch die erforderlichen Leitungen für Wasser/Abwasser und Medien kann er nicht verlegen. Allerdings hat A diesen Umstand erkannt und eine Lösung in Aussicht gestellt.

Die BABeh darf jedoch ein fehlendes Sachbescheidungsinteresse nicht annehmen, wenn Voraussetzungen für die Genehmigungserteilung beschafft werden können. Das BVerwG hält ein fehlendes Sachbescheidungsinteresse nur dann für gegeben, wenn sich Hindernisse „schlechthin nicht ausräumen" lassen (BVerwG, Beschluss vom 24.10.1980, 4 C 3/78). Die BABeh hätte in der Baugenehmigung den Nachweis der Erschließung durch Eintragung einer Grunddienstbarkeit auf dem Grundstück des B oder auf andere Art und Weise (Baulast) zur Bedingung machen müssen.

3.3 Sanktionierung von Verstößen

Der BABeh stehen eine Reihe von Sanktionsmöglichkeiten zur Seite, um baurechtswidrige Zustände zu unterbinden bzw. zu beseitigen.

3.3.1 Baueinstellung

§ 79 Abs. 1 Satz 1 MBO lautet:

> Werden Anlagen im Widerspruch zu öffentlich-rechtlichen Vorschriften errichtet, geändert oder beseitigt, kann die Bauaufsichtsbehörde die Einstellung der Arbeiten anordnen.

§ 79 Abs. 1 MBO befasst sich mit dem sogenannten Baustopp. Dieser ist als milderes Mittel geeignet, die Bauausführung, die gegen öffentlich-rechtliche Vorschriften verstößt, zeitweise einzustellen und die Bauausführenden zu einem rechtmäßigen Verhalten zu zwingen.

Zu Verstößen, gegen die ein Baustopp verhängt werden kann, gehören bspw.:

- Nichtvorliegen einer notwendigen Baugenehmigung,
- Fehlen von Genehmigungen nach anderen Rechtsvorschriften (bspw. BImSchG),
- Nichtvorliegen von Prüfberichten oder Bescheinigungen über die Prüfung bautechnischer Nachweise,
- Fehlen einer Baubeginnanzeige,
- Fehlen einer Einmessungsbescheinigung,
- Abweichen der Ausführung von der Genehmigung,
- Verwendung unzulässiger Bauprodukte

Verstößt der Bauausführende gegen den Baustopp, der regelmäßig mit Sofortvollzug ausgestattet ist, kann die BABeh die Baustelle versiegeln oder die an der Baustelle befindlichen Bauprodukte, Geräte, Maschinen und Bauhilfsmittel in amtliche Verwahrung nehmen.

3.3.2 Beseitigungsverfügung

§ 80 MBO lautet:

> Werden Anlagen im Widerspruch zu öffentlich-rechtlichen Vorschriften errichtet oder geändert, kann die Bauaufsichtsbehörde die teilweise oder vollständige Beseitigung der Anlagen anordnen, wenn nicht auf andere Weise rechtmäßige Zustände hergestellt werden können. Werden Anlagen im Widerspruch zu öffentlich-rechtlichen Vorschriften genutzt, kann diese Nutzung untersagt werden.

Die ultima ratio ist die Beseitigungsverfügung. Sie stellt das härteste Mittel gegen baurechtswidrige Zustände dar und ist nur gerechtfertigt, wenn das Bauvorhaben dauerhaft materiell rechtswidrig ist.

Beispiel 34

A hat eine Baugenehmigung für sechs Stockwerke erhalten. GRZ, GFZ und Baumasse seines Gebäudes schöpfen die Vorgaben im B-Plan komplett aus. Dennoch errichtet A ein 7. Stockwerk. ◀

Der Verstoß gegen das Bauplanungsrecht ist unheilbar, denn im Regelfall wird hier auch eine Befreiung nach § 31 Abs. 2 BauGB nicht in Betracht kommen. Letzteres hat die BABeh zwar zu prüfen, bei negativem Ausgang muss sie jedoch eine Beseitigungsverfügung aussprechen.

3.3.3 Nutzungsuntersagung

Nach § 80 Satz 2 MBO kann auch die Nutzung untersagt werden, wenn diese im Widerspruch zu öffentlich-rechtlichen Vorschriften steht.

Beispiel 35

A hat die Nutzungsänderung seiner im Erdgeschoss liegenden Wohnung zu einer Gewerbenutzung beantragt. Noch bevor er dafür eine Genehmigung hat, baut er die Wohnung um und richtet dort eine Schreinerwerkstatt ein und betreibt diese. ◀

Die BABeh wird in einem solchen Fall eine Nutzungsuntersagung aussprechen, bis A die gewünschte Genehmigung erhält. Wird die Genehmigung endgültig verweigert, kann die BABeh nach § 80 Satz 1 MBO auch die teilweise oder vollständige Beseitigung der Schreinerwerkstatt verlangen. Dies hängt auch davon ab, ob bspw. ein nicht störendes Gewerbe zulässig wäre oder nicht.

3.3.4 Sofortvollzug

Die Landesbauordnungen kennen keinen Sofortvollzug qua gesetzlicher Anordnung. Die BABeh muss daher den Sofortvollzug separat anordnen nach § 80 Abs. 2 Nr. 4 VwGO. Sie wird dies zumindest beim Baustopp und bei der Nutzungsuntersagung regelmäßig tun, da vom rechtswidrigen Weiterbau bzw. der rechtswidrigen Nutzungsfortsetzung eine erhebliche negative Vorbildfunktion ausgeht, die im öffentlichen Interesse an der Aufrechterhaltung und Wiederherstellung rechtmäßiger Zustände mit sofortiger Wirkung zu unterbinden ist.

Die Bauausführenden können hiergegen gemäß § 80 Abs. 4 VwGO zunächst einen Antrag bei der BABeh auf Aussetzung der Vollziehung stellen; folgt die BABeh dem nicht, besteht die Möglichkeit, im Eilverfahren bei den Verwaltungsgerichten die Wiederherstellung der aufschiebenden Wirkung gemäß § 80 Abs. 5 VwGO zu beantragen.

Was Sie aus diesem *essential* mitnehmen können

- Sichere Einordnung des Bauvorhabens in den relevanten bauplanungsrechtlichen Kontext (einfacher/qualifizierter B-Plan, Innenbereich, Außenbereich, Planaufstellung),
- Überblick über die verschiedenen Genehmigungsverfahren und ihre Voraussetzungen
- Sicherheit im Umgang mit wesentlichen Begriffen aus dem Bauordnungsrecht

C. Conrad, *Öffentliches Baurecht und die Genehmigungsvoraussetzungen*,
essentials, https://doi.org/10.1007/978-3-658-30589-5

Literaturverzeichnis/Zum Weiterlesen

Rechtsprechung

Bundesverwaltungsgericht:
BVerwG, Urteil vom 06.11.1968, IV C 31.66
BVerwG, Urteil vom 23.04.1969, IV C 12.67
BVerwGE 40, 268
BVerwG, Beschluss vom 24.10.1980, 4 C 3/78
BVerwG, Urteil vom 06.10.1989, 4 C 14.87
BVerwG, BauR 1991, 308 ff.
BVerwG, NVwZ 1996, 787/788
BVerwG, Beschluss vom 05.03.1999, 4 B 5.99
BVerwG, ZfBR 2000, 426
BVerwGE 108, 190
BVerwGE 138, 166
BVerwG, NVwZ 2014, 1246
BVerwG, NVwZ 2017, 717
Oberverwaltungsgerichte:
VGH München, BayVBl. 1973, 641
OVG Münster, NVwZ-RR 1996, 493
OVG Münster, BauR 1996, 835, 836
OVG Münster, Beschluss vom 25.01.2006, 10 B 2125/05
OVG Berlin-Brandenburg, Beschluss vom 22.12.2016 – OVG 10 S 42.15
OVG Berlin-Brandenburg, Beschluss vom 18.07.2018, OVG 10 S 68.17
Verwaltungsgerichte:
VG Freiburg, Beschluss vom 18.12.2008, 4 K 2219/08
VG Cottbus, Urteil vom 25.04.2017, VG 3 K 720/15
Bundesverfassungsgericht:
BVerfGE 69, 315/352

C. Conrad, *Öffentliches Baurecht und die Genehmigungsvoraussetzungen*,
essentials, https://doi.org/10.1007/978-3-658-30589-5

Literatur

Kommentare:
Battis U, Krautzberger, M, Löhr RP, Reidt O (2019), Baugesetzbuch, 14. Aufl.
Große-Suchsdorf U (2020) Niedersächsische Bauordnung, 10. Aufl.
Fachbücher:
Bracher CD, Reidt O, Schiller G (2014) Bauplanungsrecht, 8. Aufl.
Aufsätze
Schmidt-Eichstaedt G, Löhr RP (2004) Das Baunebenrecht, DÖV 2004, S. 282

Zum Weiterlesen empfehlen sich:
Bracher CD, Reidt O, Schiller G (2014) Bauplanungsrecht, 8. Aufl. geben einen auch für den juristischen Laien verständlichen Überblick über die bauplanungsrechtlichen Anforderungen an Bauwerke. Ebenso zu empfehlen ist Reichel GH, Schulte BH (2004) Handbuch Bauordnungsrecht. Dort vermitteln die Autoren alles Wichtige zum Bauordnungsrecht. Das Buch enthält auch mehrere Synopsen zum Vergleich der Regelungen in den einzelnen Landesbauordnungen

Printed in the United States
By Bookmasters